土佐の永代小作権と自由の系譜

福留久司

はじめに

いくつかの調査機関が実施する人気度調査ランキングでは、自然なふるまいで有名な坂本龍馬はいつも上位に入っています。なぜこんなに長いあいだ人気を保っているのか、このあたりの事情を知ることは現代人の価値観を知る手がかりとなると思います。

坂本龍馬のほかにも、「板垣は死すとも自由は死せず」と死ぬ間際《まぎわ》まで強《つよ》がったと伝えられる自由民権運動の板垣退助、何度も刑務所に囚《とら》われながらもとうとう今日の三菱グループの礎《いしずえ》を築いた岩崎弥太郎、そして「バカヤロー」と言い放って国会を解散してしまったことで有名な吉田茂元首相など、これら個性的な人たちはみんな坂本龍馬と共通した一つの「特徴」を持っているように思えます。

他人の同調を必要とせず、もちろん親・兄弟の意見もほとんど聞かない、自分に向けられる評価に関心が薄く、一度決めたら信念に近く思い込み突き進んでゆく生き方。これを現代標準語で言えば「我がまま」、少し上品な表現をすれば「主我的」、さらに格調をつければ「自由の尊厳」。しかし敬意を表して「自由の尊厳」と言っても、そこには社会観や公益観がみごとに欠落している場合も多いので、ときどき困ったことになります。これが土佐の「いごっそう」、女性の場合は「はちきん」の由来につながっています。

坂本龍馬が生きた江戸時代は、「自己犠牲《じこぎせい》」を基本に「主君への忠誠」が求められる武士道精神の社会でした。封建制度が終わり、近代に入って長い歳月が流れた明治45年に、龍馬と同じ時代を生きた乃木稀典将軍は明治天皇の崩御《ほうぎょ》(死ぬこと)とともに「切腹」して自害・殉死《じゅんし》します。「主君に忠実な臣下」として、また感動を伴う武士道哲学として、当時の新聞で大きく報《ほう》じられ、知識人たちや一般大衆社会に強い衝撃を与えました。

商家・才谷屋に育った坂本龍馬は自分の考えで藩令を侵《おか》して脱藩し、京都に逃亡、ゆくえ知れずとされました。その後、薩長同盟をみちびき、最後に京都で中岡慎太郎といっしょに暗殺されます。型破りに見える龍馬が乃木将軍より13才も年上なので、それだけ古い年寄りのはず、封建制のなごりや保守性が、若い乃木将軍より色濃くあってもいいはずです。しかし、二人の価値観は、同じ時代に生きたにもかかわらず大きく違っています。どうしてでしょうか。

ここでぼんやり浮上するのが、親から子へと引き継がれる思想的DNAです。つまり家庭環境やこれをとりまく気風や風潮、育った地域の風土的な雰囲気など、これらの影響を受けた習慣という曖昧《あいまい》な記憶の支配によって、「ものの見方、考え方」は無意識に子供のころから少しずつ形成されてゆくのではないでしょうか。

言い換えると、自分自身を高く評価して一人満足する「愛すべき生き方」や、坂本龍馬のように批判や制裁を気にしない「自由の尊厳を中心軸とした生き方」など、自分の思うままに「我が道」を生き抜く気風が土佐の伝統的な土着風土の流れの底辺にあるのではないでしょうか。もしそうだとすると、いったいいつ頃からこのような自由を縁《ふち》どる輪郭が現れるようになったのでしょうか。歴史の中に、その由来や起源、いきさつなど、古い記録を見ながら、自由への旅路とその道を歩いた旅人たちの足跡を辿《たど》ってみたいと思います。

目次

一、江戸時代、すでに土佐では「近代」が誕生していた

1　全国的に特異な永代小作権

小説『竜馬がゆく』の主人公に描いてみたい——と創作意欲を掻《か》きたてるほど、作者・司馬遼太郎を魅了した坂本龍馬。小説の出版とともに、その自由あふれる人間像は多くの読者の知るところとなりました。大衆の英雄へとみちびかれた龍馬の飾らない自然なふるまい、型破りな行動、いわばこれら土佐の「我がまま」から始まる「自由の尊厳」を生きぬいた個性豊かな人物が、なぜ近世後期から近代という時期に、特に土佐で大量に集中して出現するのでしょうか。

このことに大きくかかわるものとして考えられるのが、土佐だけに広く普及した奇抜《きばつ》な発想、地主の土地を小作人が権利として永遠に耕作利用できる「永小作」[※1]という「ものの見方、考え方」です。

全国に存在したほとんどの「永小作」は長いものでもおよそ最高30年くらいを限度とする単なる借地の契約であり、もちろん売買の対象にはなりません。これに対して、土佐の「永小作」は「永代にわたる小作権」を意味し、「永久」に借地でき、支配できる権利でした。しかもその権利は前もって特に約束された以外、地主の承諾なしで自由に譲渡、売買できたのです。これは、実のところ「所有権」と変わらないと言っていいものです。

「借りた他人の土地を小作人が永遠に支配できるし、売買できる」という独創的な発想から生まれた権利は、全国どこにもありません。日本のどこかに稀《まれ》なケースとして存在したかもしれませんが、確認された契約書数を調べてみると、土佐の全小作地の半分以上の農地にまで設定されていたことがわかります。

このように、他県に存在した「永小作」と土佐の「永代にわたる小作権」は、もともと法学上の性質がまったく違っているので区別して扱うべきですが、明治政府・大蔵省の調査記録では一緒に指数化されています。「永小作」という単純な小作契約は、土佐をのぞく日本全国で合計約2,500町歩(1町歩=3,000坪)が存在するに過ぎないのに対し、「永代にわたる小作権」は土佐だけで約8,500町歩の契約が確認されています。土佐一国で全国の3、4倍と、数量でも圧倒しています。

司法省・高知地方裁判所の記録(高知地方裁判所検事局座談会筆記録 昭和14年8月19日)によると、江戸時代の村々では百姓層の文字教育は遅れたので当時は契約書以外に口約束が相当多くあったと記録されています。つまり口約束を加えると、土佐では民衆のあいだで「永代にわたる小作権」の考え方は異常なほど浸透していたことになります。

また、江戸期から明治期にかけ、日本の平均的な小作料は収穫高のおよそ40~68%ですが、土佐の「永代にわたる小作権」の小作料は約5~38%と極端に低いものでした。その背景は、農地に関するいっさいの管理を小作人にまかせ、あとは不在地主として「まる投げの一括管理」とほぼ放任状態だったことや、さらに公租公課としての税金も話し合いで小作人に負担させるという奇妙な関係があったことがありました。そして小作権を持つ小作人たちは、やがて病気や災難を口実に売買譲渡、あるいは当時「又作」と呼ばれた下請けに出し利益の中抜きを始め、しだいに水面下で広域化していったようです。しかしこのことで、「権利と義務」や「資本と労働の分離」という近代の概念が土佐の農民レベルに最初に現れはじめ、「損か得か」というわかりやすい日常生活の実学を通して民衆の中に深く入り込んでゆくことになったのです。

すなわち、土佐の一般農民や下層の庶民は生きてゆく上で最低限の「福祉」を手に入れたわけです。そもそも特別な場合を除き、地主が小作人たちに「永代にわたる小作権」の自由な売買譲渡を許したことは、強い立場の地主と弱い立場の小作人という常識的な固定観念をはるかに越えていると言わざるを得ません。相手の立場や自由を尊重しようとする「自由の尊厳」という意識、つまり人間はそもそもお互いに「自由、対等」であるというぼんやりとした一定の体系を持った考え方が庶民の本音の日常に存在したことを意味しています。別の言い方をすると、自由の尊重という近代的な「ものの見方、考え方」が土佐の伝統風土の中に輪郭をもって形成されていたことを物語っているのです。江戸時代の土佐は、すでに「近代」が誕生していた、と見ることができます。

2　郷士層がつけた経済力

そもそも窮屈《きゅうくつ》な封建時代にもかかわらず芽を出した「自由の尊重」という哲学思想は、いったいどこに由来し、どのようにして土佐で定着するようになったのでしょうか。

一言でいえば、全国に存在しない特異な「永代にわたる小作権」の膨大《ぼうだい》な普及に関係する人々がいました。武士とはいえず正式な百姓でもない、独特な身分の「郷士」※2たちの存在です。長宗我部から山内一豊へ殿様の交代、つまり「お国替え」という特殊な歴史事情をきっかけに、土佐の郷士制度は他の諸藩とは違った展開をしてゆきました。

「関ケ原の戦い」以後、城を追われ没落する長宗我部一族の旧家臣であった失業サムライたちに、新領主になった山内土佐藩は正保元年（1644）、荒《あ》れた土地を農地として開墾《かいこん》すれば新田農地の所有を特権として与える「百人衆郷士」※3の募集を積極的に始めます。戦国乱世の戦後処理の過程で、旧長宗我部の家臣に新田の開発特権を与えるかたわら、開発労務に関するほとんどの負担を本人責任とし、その見返りとして小作人たちに「永代にわたる利害の自由」を約束したため、このあたりに「永代にわたる小作権」が発生するそもそもの起源が生まれたと考えられます。

今も高知県の山林面積は県土の84％を占め日本一と言われるほど山間地が多く、生産石高30石以上の収穫で250石以下の条件の良い開発候補地は至る所に存在したわけではなく、良好地はすでに土佐藩の直轄地に編入されていたこともあり、里山付近か傾斜のきつい過酷な山間荒地が多かったのです。水田の保水を一定の状態で水平に保つ田地の築造は多大な労苦を必要としました。しかし、百姓たちは小作料が安かった山間地方での郷士との共同開発に喜んで向かっていきました。

ここに過酷な困難にも屈せず克服しようと歯をくいしばる土佐人の精神的骨格を見ることができます。山野に隠れ、土豪化した失業サムライたちが新しい権威に対峙《たいじ》し、反骨する頑強な精神性を、植木枝盛が発したとされる「自由は土佐の山間より出づ」にかかわる風土的な起源を見ることができます。

その後、長宗我部の旧家臣は、山内土佐藩における最下層の「郷士職」に新たに仕官して、屈辱に耐えながらも新田開発の事業に励《はげ》む中、やがて蓄財を成《な》す者が出はじめ、郷士職は「おいしい身分」として注目されてゆきます。

宝暦13年（1763）の「幡多郷士募集」には、お金で郷士身分を手に入れた譲受郷士《ゆずりうけごうし》と呼ばれる新しいタイプの「自由郷士」※4も含め、一般人も多く新田開発に参入し始め、そこで得た経済力を背景に全体として郷士層が社会の水面下で無視できない存在として台頭してくるのです。およそこの頃から、土佐における解放された自由な気風が加速し始めることになりました。

このとき、郷士たちが金儲けに駆使《くし》した金融手法が、「永代にわたる小作権」や「加地子米収得権」[※5]の売買でした。「加地子米収得権」とは小作料を受け取る権利のことで、江戸幕府の「田畑売買禁止令」下における巧妙《こうみょう》に偽装した土地売買と言えます。このような「分割所有権」または「二重所有権」とも言うべき新たな価値の開発や、地主も小作人もお互い自由に「権利」を売買できる私的取引の活発化、さらに跡継ぎのない家系の養子縁組をきっかけとした郷士株売買のなしくずし的な公然化など、土佐の国ではもはや固定化された窮屈《きゅうくつ》な封建制度の枠をいち早く脱し、世界史レベルでも驚くべき早さで「土地と身分の解放」が進んでいったのでした。

食糧にかかわる重要な経済政策であった新田開発の事業を特権として、約200年以上にわたって土地や身分の売買やその周辺の利権をほぼ独占した郷士たちの中には、この頃すでに18世紀のドイツ・ユンカー層やイギリスの地主層・ジェントリーたちと同様に、封建制からいち早く脱し、近代合理性の追求というブルジョア層に共通する特徴を備える人たちがぞくぞく出はじめました。

金儲けをまったく罪悪視しない、いわば「陽気な功利主義者」や「したたかな現実主義者」たちの活発で創造性あふれる近代的な精神性が、世間の本音、大衆の日常を通して広がってゆくという、とても他の全国諸藩では考えられない「奇妙な社会の出現」が近世・土佐の水面下で大胆に進行していったのです。

二、土佐の郷士は山内藩の懐柔策から生まれた

1　小大名の苦肉の策

日本史上、運命の分かれ目「関ケ原の戦い」で勝利したのは、徳川家康でした。日本一強大な組織である徳川幕府のいわば支店長として、掛川（静岡県）のおよそ6万石の小大名・山内一豊が異例の出世をして、約4倍の土佐24万石の新領主として慶長6年（1601）、土佐に入国します。

すべてはここから始まりました。おもしろくないのは、長宗我部一族の武将や家来をふくむ一族郎党たちです。九州の島津家も、中国の毛利家も、「関ケ原の戦い」では、ともに西軍・豊臣側に味方しましたが、いずれも領地を少し減らされただけで基本的にはおとがめなしでした。土佐の長宗我部家だけが、なぜかすべての知行地（領地）を奪われたのです。おかげで家来たちは城を追われただけでなく、土地を奪われ、失業し、たちまち明日からの生活に困ることになりました。なぜ徳川家康は、土佐の国だけ領主を強引に交代させる「お国替《くにが》え」を強行するのか、不公平だと怒るのも当然です。

長宗我部家の主君は京都で幽閉《ゆうへい》に近い状態でありながら、家臣たちの心の中には生きており、西国の覇者・戦国武将の武士道精神は浦戸城を死守するとして最後まで山内一豊軍と徹底抗戦を行います。慶長5年（1600）の「浦戸の戦い」※6で、長宗我部家の家臣軍団は多く

の死者を出し鎮圧《ちんあつ》されますが、山内一豊に対する怒りや反感を抱く者は多く、不穏な空気は漂いつづけます。

静岡からやってきた山内一豊の軍事勢力は禄高1石〜100石までの重臣226名を含む総数およそ1,000人といわれ、一方、長宗我部家は四国を武力平定した実績を持つ戦国武将で、その家臣団総数は約10,000人と伝えられています。軍事的な武装力の差はおよそ10倍というけた違いの実力でした。

とはいえ、山内一豊の背後には徳川家康がひかえています。長宗我部の家臣たちもうっかり手を出すと権力の頂点に立った徳川家康を敵に回すことになり、結果は見えています。山内一豊一族と長宗我部一族残党たちの両者はにらみ合い、そのまま歳月が流れてゆきます。土佐に入国後、山内一豊は現在の大高坂に居城を強固に築くあいだ、長宗我部の家来たちは土地の知行権(権利)を奪われ、ある者は逃亡し、ある家族は悲運を嘆き一家離散になるなど混乱の中、絶望感や屈辱の苦悩を味わいつつ、やがてほとんどが浪人化、土豪化して行ったのでした。

約400年間続いた土佐国出身の殿様が追放され、本州からよそ者の新しい領主がやってくる、どんな残虐な殿様かわからない……。百姓や一般庶民にまで不安や恐怖が広がり、農地の耕作を放棄してどこかへ逃亡する「走り者」※7も続出するなど、人心不穏《じんしんふおん》な様子は想像以上に深刻だったようです。

2　嫌悪を生んだ「桂浜相撲虐殺事件」

天正9年(1581)、織田信長が発した上表(領地を差し出せ)の命令を拒否し、戦国の覇者・

豊臣秀吉とも堂々一戦交えることを真剣に考えた戦国武将・長宗我部元親の覇権力を支えた家臣団は、四国を平定し、戦国の世にふさわしい武士道精神「武勇の誉《ほま》れ」を内面にもっていたと想像されます。

それに比べ、戦国乱世を生き抜く処世術だったとしても、豊臣秀吉の知遇から身を起こし、その後、徳川家康に味方して約6万石の小大名から土佐24万石の大名に出世した山内一豊という武将を、土佐人たちはどのように見ていたのでしょうか。

室町幕府のあと、権力の多元化に突入した戦国乱世の時代、覇権で確立される統治体制の具体的な宣言が「城の明け渡し」だと言えます。天下人になった徳川家康の「お国替え」が発せられたあとも、主君の命令がないのに城の明け渡しを断固拒否し、273人の死者を出してまで「浦戸城」を死守しようと戦った家臣団たちの強い決意を見ることができます。戦時法上「浦戸の戦い」という武力による政治決着を選んだ長宗我部一族に潜む納得できない権力に抵抗する心情として、他国からやってきた新領主に対する嫌悪感、敵対意識や抵抗意識は、想像以上に大きかったようです。

事実その後、山内一豊による統治宣言に近い公法上の強い示唆行動もなく、また一方、長宗我部元親の残党たちは公式的な武装解除もせず、封建時代の人格的な暗黙の契約である「主君と家臣」として決着されるべき関係は、いまひとつ中途半端なまま時代は進んでゆきます。その意味では、山内土佐藩は長宗我部元親の亡霊たちを江戸・近世期一貫して温存しつづけることになったと言えるかもしれません。

山内一豊一族に向けられる冷たい視線、山内権威に対する徹底的な懐疑の念、これら長宗我部一族のレジスタンス的な「反骨」意識を決定的にする出来事が慶長6年（1601）に起きます。仲良く懇親《こんしん》するための親睦会《しんぼくかい》と偽《いつわ》って娯楽相撲大会を催し、桂浜に集まるよう呼びかけます。そして、武器を持たない一領具足や庄屋、一般庶民まで含め土着土佐人73名が突然銃を向けられ皆殺しにされた「桂浜相撲残虐事件」、これは最初から計画されたものでした。小大名出身の姑息《こそく》で卑怯なやり方として軽蔑を招き、これ以降、山内一豊一族への不信感は増幅され、ほとんど憎悪《ぞうお》に近い心情だったかもしれません。

長く続くことになった山内土佐藩に対する嫌悪と不信の念は、約10、000人に及ぶ長宗我部一族やその家族、親から子へ、子から孫へと歳月が流れるにしたがって薄らいでゆくものの、憎しみの血統を相続する末裔《まつえい》たちは単純にその数だけ増え続けることになります。やり場のない屈辱感と不満は、語りつがれる子孫だけでなく、多くの土佐人の内面に深い傷として記憶され、「反骨的な精神」がこのあたりから風土の底辺に輪郭をもって姿をみせるようになったと言えるのではないでしょうか。

3　本山一揆に込められた反骨のメッセージ

時の権力に恨《うら》みや嫌悪を抱きながら武装解除されないまま、弓、槍、刀など凶器を所持して山野にひそむおびただしい人数の大きな塊《かたまり》が、危険な不穏分子の武装勢力として山内土佐藩の前に突然出現することになりました。

「浦戸の戦い」「桂浜相撲虚殺事件」のあとの慶長8年（1603）、現在の長岡郡本山町で「滝山騒動」が起きたのです。この武力蜂起は、北山地域での約500石の領地をめぐり、長宗我部治世には庄屋職だった高石左馬之助と山内土佐藩との間の紛争が発端でした。

高石左馬之助は新しく入国した山内一豊を正当な支配権者と認めない立場をとり、滝山山岳を舞台にわずか30数人の兵で数百人の山内一族の兵力を相手に戦った無謀ともいえる「私戦」でした。

へたをすれば入国した山内一族およそ1、000人の兵を敵に回すことになりかねない自殺行為に近く、48才の、この時代決して若くない高石左馬之助のあえてとったこの行動は、権力に対する強烈な「反骨のメッセージ」が含まれていたと考えることができます。土佐の山野に土豪化した長宗我部一族郎党たちの一斉蜂起を期待したという明確な記録は残っていませんが、わずかの手勢《てぜい》で立ち向かった戦いは語り継がれ、これ以後消えることなく続く土佐の「反骨の歴史」のはじまりだったと言えるかもしれません。

土豪化したとはいえ戦国乱世のなごりを色濃く残す旧長宗我部家のサムライたちは、当時まだおよそ10倍の兵力を保っていました。彼らがもし一斉に決起すれば、たちまち山内一族は亡びます。血の凍《こお》るような恐怖、山内土佐藩は高石左馬之助のような武力蜂起《ぶりょくほうき》を心の中では最も警戒していたと考えられ、これら不気味なサムライ集団の恐怖にどのように向かい合えば良いのか、これという解決策もないまま時は流れてゆきます。

4　野中兼山の懐柔策

そこで登場するのが、山内土佐藩の野中兼山※8でした。彼は正保元年（1644）、現在の香美市物部川で農耕用水の山田堰《やまだぜき》を完成させると、さっそく現在の香南市の野市地域で新田を開墾する意欲的な希望者を「百人衆郷士」として新規募集し始めます。殖産振興の狙いは当然含まれていたと思われますが、主な政策課題は長宗我部一族の山野に土豪化した残党たちに対する巧妙な懐柔策《かいじゅうさく》であったと言われています。

具体的には、長宗我部の家臣であったことを証明する書面を付けて申し込むと、認められた者に開墾した新田を領地として与えるという内容で、さらに山内土佐藩が新しく用意した「山内一族の郷士職」という正式名称を授《さず》けるというものでした。

あくまで形式的な武士に準じる「肩書き」だけの身分に過ぎなかったのですが、主君を失い身の置き場もない旧長宗我部の失業サムライたちにとって、見透かされた懐柔策であるとは分かっていても、まったく興味のない話ではありませんでした。

この郷士募集の中身を見ると、荒れた土地を新しく開墾すればその新田から収穫できる米(物成米)は原則として独占できるように決められていました。開墾した土地は「底土《そこじ》」といって郷士が所有する領地(土地)となり、さらにこの土地を小作人に下請けさせる場合には、公然と小作料をもらうこともできました。

また、仮に何かまずい失策や過失などがあって土佐藩に郷士職を免職されたときも、その免職理由が、たとえば「闕所《けっしょ》」という死罪、島流し、追放などのような重大な犯罪や「所拂《ところばらい》」という居住地への立ち入りを禁止されるような罪でないかぎり、土地に対する権利はそのまま認められたのです。その際、さすがにすべての収穫米を独占することは禁じられたものの、「底土」を耕作する権利は依然として郷士の権利であるとされました。このような特別な恩典は、純粋な百姓から見れば至れり尽くせりのまことに優遇された、うらやましい限りの内容で、郷士に仕官すれば生活に困らぬように配慮された制度だったと言うことができます。これはほぼ間違いなく、旧長宗我部の失業サムライに対する懐柔的な政治政策でした。

ここで、人口増加に伴う食糧増産というまったく違う理由で、全国諸藩が約30年くらい後に一斉に始める江戸時代の新田開発のやり方と比べてみると、たとえば弘前藩(津軽藩・現在の青森県)が津軽平野でおこなった新田開発では、農民を強制的に酷使し、休めば罰金を取り立てています。また豊富新田開発では、労務者が服従しない場合1日3人までは切り殺してもかまわず、ほぼ脅迫に近い労働を強制し、このため凶暴な死刑囚をあらかじめ人夫の中へひそかに用意まですることが起きています。また盛岡藩(現在の岩手県中部から青森県の東部地域)の奥寺新田開発では、開発労働力に公然と囚人を使い、藩士奥寺八左衛門には人夫の生殺与奪の権限が与えられ、過酷な労働に従事させています。

このように、江戸時代における封建制度の社会背景からみれば、土佐藩の郷士対策は非常に特異なものでした。さらに土佐藩は郷士に応募する旧長宗我部の失業サムライたちに、新田開発に必要な資金まで藩庫の借銀(現金)で融資して援助しているのです。いかに土佐藩が旧長宗我部の失業サムライたちの存在を恐れ、どのように扱うべきか危機感を意識した苦渋《くじゅう》の陰を読み取ることができます。

一方、旧長宗我部家の遺臣たちにとっては、どのように好条件の待遇であったとしても、主君を奪い、知行地(土地)を奪い、城まで追われた憎むべき敵である山内一豊、その山内土佐藩への「再仕官」という悩ましい問題を突きつけられたことに変わりありません。これをきっかけに、失業浪人に身を落とした長宗我部一族の一人ひとりが、孤独な「個人の内面」に向き合うことになりました。

5　自由の目覚めと「個人」の誕生

「関ケ原の戦い」以後、失業に追い込まれた長宗我部一族のサムライたちは、現実の生活を優先して山内土佐藩に仕官して生きるべきか、あるいは長宗我部の家臣として忠義に死すべきか、それぞれが「精神的な危機」と正面から向かい合い、苦悩の遍歴をしていくことになります。やがてどん底から這い上がり、生きてゆく信念が自己確立されてゆき、それは「庇護《ひご》と隷属」あるいは「主君と忠臣」という武士道精神の封建呪縛から解放された「自由への旅立ち」という新しい生き方へみちびかれてゆきます。しがらみに捉《とら》われず、向けられる評価や制裁を気にせず、自由な精神世界を確立してゆく「新しい個人」として生まれ変わる、「自由の道」を歩き始めだすのです。

郷士職に仕官した郷士たちに向けられる山内土佐藩の新たな差別や偏見、相変わらずの古い封建制の体質が生み出す矛盾や抑圧、これらはすでに自由な生き方に目覚めた郷士にとって、権力のあり方そのものに対する批判や抵抗の視線を深い内面に増幅していくことになったと考えられます。

自由な生き方を手に入れた「新しい個人」の郷士層に立ちふさがる山内土佐藩の矛盾や差別、これらに向かい合うことは結局のところ、封建制度の権力そのものに正面から対峙することを意味しました。こうした経過をたどって、したたかに打算する冷《さ》めた眼差しを持つ経済郷士が登場し、政治より経済の方面に彼らの意欲的な活躍を加速させていったと思われます。

つまり郷士たちは、絶望の苦しみから這い上がり、生きる必然から学びとったしたたかな知性を活かし、いわば巧妙な打算と技巧的な知恵を使って経済分野に進出することで矛盾を乗り越える以外に方法はなかったのです。郷士たちが手をゆるめなかった権力に対する反骨のエネルギーは、実学としての経済的な富に特化することを武器に引き継がれていきました。反骨の「土佐精神」は相続が繰り返される本音の経済利害とともに、親から子へ、子から孫へと絶えることなく土着庶民の骨格に摺《す》り込まれていったと考えられます。

この土着精神の伝統的傾向は江戸時代を通じてほぼ固定化してゆき、その後それぞれの時代的な影響を受けながらも、明治期、大正期、昭和期へと名もなき民衆たちの内面に引き継がれていったのでした。

6　引き継がれた土佐精神

土佐人の精神性に深くかかわる反骨の風土が伝統的に引き継がれてゆくその後の流れは、たとえば昭和11年に高知県本山町教育委員会によって編集された教科書『本山読本』の中の「土佐精神」※9の一節に具体的な形を見出すことができます。

この尋常《じんじょう》高等小学校の授業で使用された教科書の中では、社会哲学のない暴挙を意味する「一揆」という言葉を意識的に避けています。高知県郷土史で表記されているあくまで為政者側の視線で語る言葉ではなく、あえて「滝山騒動《たきやまそうどう》」と呼んでいます。そして、さすがに子供たちに武力闘争を教唆《きょうさ》するような露骨《ろこつ》な礼賛《らいさん》は教育上避けていますが、その文脈や行間から伝わるひそかな賛美は容易に読み取ることができます。

近世・江戸時代からおよそ300年の時が流れ、昭和の時代に移った尋常高等小学校の教科書には、長宗我部元親と坂本龍馬の名前が頻繁《ひんぱん》に登場しますが、山内一豊はほとんど登場しません。教科書の中では強い立場の者に戦いを挑み、権力に屈することなく立ち向かってゆく高尚な精神を「土佐精神」という題目で子供たちに伝え、そのような毅然《きぜん》とした精神を持つ気骨《きこつ》ある土着土佐人のことを「郷土民《きょうどみん》」という言葉で表現し、ほめ讃《たた》えているのです。

納得できない権威や権力に対して、決して服従しない土佐人の反骨精神、負けるものかと歯をくいしばりがんばる姿、それを子供たちに「土佐精神」として未来に引き継ごうとする土佐風土の反骨にかかわるひとこまを、この教育現場の足跡の中にはっきり垣間《かいま》見ることができます。

このようにして、反骨精神は土佐の伝承的風土として引き継がれていくことになりました。

その反骨の色を決定的に色濃く縁《ふち》どったのは、やはり旧長宗我部の失業サムライが下層庶民の世界観を経験することで新しく生まれ変わって郷士となり、そこで手に入れた新しい自由な世界観、つまり人間が生きてゆくための必然性から獲得した筋金入りの知性、苦悩のあげく悟りの境地で体得した拘束《こうそく》されない「自由に対する態度」が深くかかわっていたと言えます。

三、土佐の「永小作権」は永久に所有できる権利だった

1　農地の正確なデータがなかった土佐

近世時代(江戸時代)、全国諸藩は年貢の徴収にはほとんど「石盛り《こくも》」(農地の生産高台帳)を使っています。しかし、なぜか土佐には正確な「石盛り」が昔から確認されていません。土地の面積、田畑の種別など、歴代の守護代や地頭たちの忘備的な資料として生産高を貫目《かんめ》で表示した、いわば部分的な記録は「長宗我部地検帳」に確認できますが、土佐の全耕作地について生産石高を記す「石盛り」の存在はありません。「石盛り」に最も近いものとして「元禄支払帳」が存在しますが、やはり断片に過ぎず、土佐全域にわたる体系的な「石盛り」データの存在は確認できていないのです。

統治者にとって重要な年貢収入にかかわる資料がなぜ存在しないのでしょうか。その大きな理由の一つとして、おそらく土佐の気候風土の不安定な特性があったと考えられます。土佐の気候の特徴は、荒々しく、激しいもので、たとえば『古事記　神代記』によると、太古の

昔から伊予国(愛媛県)は愛比売(エヒメ)と呼ばれ、その意味はかわいい女性の意味、土佐国は健依別(タケヨリワケ)と呼ばれ、「健」(たけ)という字は(たけだけしい)、「依」(より)という字は(よろしい)、そして「別」(わけ)という字は男性を意味し、瀬戸内沿岸部のおだやかなイメージとは違って太平洋の荒波に直面する狂暴なイメージであることが、太古の命名の起源からもうかがえます。

太平洋から襲来《しゅうらい》する強烈な台風は標高1、000〜1、800mの急峻《きゅうしゅん》な四国山脈に突き当たり、その南斜面の上空で多くのエネルギーを発散してしまい、消耗《しょうもう》した台風が瀬戸内に達する頃には勢力は弱まり、最初に上陸したときの猛威や破壊力とは比較にならないほど落ちてゆきます。土佐では台風に襲われると、収穫はほぼ全滅になるものの、瀬戸内地方では努力の成果がわずかでも残る確率は常に高いのです。

土佐は降雨量や日照時間と日射時間はほぼ日本一で、本来は水耕栽培に適しているのですが、全国諸藩と違って台風や気候の異変による収穫高の浮き沈みが激しく、安定した収穫高が読めず、このため「石盛り」の作成はむしろ意味がなかったのではないかと考えられます。

もともと農地のあり方は一様《いちよう》ではありません。現在の大豊町寺石地域では地質上保水ができず米の栽培が不可能だったり、また池川町の約800年間続く椿山部落では昔から水田耕作は一切行われず焼畑農業だけという具合に、土質の優劣や日照時間の違いなどによって生産高は複雑なものでした。

このため、豊臣秀吉や徳川家康などの天下人に対して、薩摩や長州など全国ほとんどの有力大名が生産石高の虚偽申告をさかんに行っています。徳川幕府とはいえ、実際はゆるやかな連合政権でもあり、大名をいたずらに刺激して紛争を招くことを避け、地方の内政に深く干渉しない、いわば地方分権が基本でした。そこで正確な生産石高の数字を把握しようと努力しても、意図的に隠され分からないのが実情だったのです。

土佐の郷士たちも土佐藩に対して、新田開発の農地の評価をあらかじめ実体以下に書き出す虚偽の申告は当然のように行っていたと思われます。このような背景から、土佐に「石盛り」の存在が確認されていないこともありますが、「土佐24万石」でさえも実際のところはよく分からないということができます。

2　新田開発の特権を手放した土佐藩

平和な江戸時代になると、やがて人口が増え続け、そのため全国の諸藩はさかんに新田開発[※10]を始めます。当時、幕府や諸藩の新田開発という生活空間の広げ方は、それぞれ村請《むらうけ》新田、藩営《はんえい》新田、藩士知行地《はんしちぎょう》新田、また土豪《どごう》(地域の有力者)の見立《みたて》新田、そして町人請負《ちょうにんうけおい》新田など、さまざまな形がありました。しかし、誰が開発の主人公かによって呼び方が違っているだけで、いずれも全国諸藩の封建領主というあくまで強い覇権力《はけんりょく》の統制管理の行き届いた枠内で実施されています。

そもそも新田開発の場合、農地の開発権として藩や幕府に「新田地代」を納入させるのですが、「地方凡例録」などを見ると、当時の地代金はおよそ水田の1反あたり2分くらいが相場だったようで、開発許可の権利として地代金は幕府や諸藩にとって大事な臨時収入でした。

そこで開発希望者を募《つの》って競争させ、新田地代金をつり上げることなども平気でやっています。たとえば元禄2年(1689)、幕府は大阪湾岸の干拓開発地に12人の豪商を選びます。このとき、地代金の上納金額合計2、000両が豪商たちから提示されるのですが、これに満足せず、さらに開発願人《かいはつねがいにん》を募集するなど陰湿《いんしつ》な地代金のせり上げを行い、結局12人の豪商たちから3、500両に増額上納させ許可しています。

しかし土佐藩ではこれらとはまったく違い、身分的にも今一つ掴《つか》みどころのない浪人郷士、それもつい最近まで敵対していたこわもての長宗我部一族の遺臣たちに自由な開発特権を与え、藩の財政基盤に影響が出る重要な経済政策を進めてしまったのです。

そもそも米の生産は江戸時代では経済そのものであり、年貢をはじめ米は現金と同じ役割を果たしていました。山内土佐藩がその重大さに気づいたときはすでに遅く、引き返すこともできず、新田開発をとうとう明治維新まで一貫して郷士たちのほぼ独占的な事業として推進するという全国諸藩で例のない愚策《ぐさく》を継続してしまったのでした。山内一豊一族は土佐に入国した最初に、取り返しのつかない大きな失策《しっさく》を犯してしまったのです。強引な言い方をすれば、山内土佐藩の台所は新興勢力の郷士たち、いわば長宗我部元親の亡霊たちによっていつの間にかハイジャックされてしまったと言えます。

地主と小作人の「平和的な相互関係」を尊重する安い小作料がきっかけで、郷士が関係する新田周辺へ百姓たちの労働力が流れたため、土佐藩の直轄所有の「本田」では深刻な労働力不足が表面化します。つまり、権力に都合のよい「財政学」より、権力に捧《ささ》げる犠牲を少なくして大衆を本音で尊重した「福祉経済学」が優位に立ち、権力体制のどてっ腹《ぱら》に強制的な政策変更という規制緩和の風穴を開けてゆくことになりました。

その後、土佐では全国的な流れとは正反対に、新田開発に参加できる条件が大幅に緩和され、近世中期以降、幡多《はた》郷士、窪川《くぼかわ》郷士、仁井田《にいだ》郷士のように、一般庶民が希望すれば、誰でも新田開発に参入できるようになったことで、ぞくぞく新しい「宇宙人的郷士」が出現することになりました。

3　土佐全域に広がった新しい権利「永代小作権」

地主と小作人、お互いの自由を尊重する考え方で契約された土佐における「永代にわたる小作権」は、他の地域に存在した期間が限られた単なる「永小作」とは本質的に違っていました。これは「永久に耕作できる権利」で、法学上では分割所有権または二重所有権に相当します。土佐では売買はもちろん、担保に入れることも、下請けに賃貸借することも行われました。そこで誤解や混乱を避けるため、他の地域の「永小作」と明確に区別し、土佐の「永代にわたる小作権」を所有権の変種として、ここからは明確に「永代小作権」と呼びたいと思います。

「永代小作権」は、郷士たちの知恵と工夫の結晶として近世・江戸時代に考案されました。この「新しい権利」の出現は、それまで封建領主に集中していた土地を安い小作料で零細小作人に再分配することにつながりました。そして、「永代小作権」がやがて土佐全域に広がることで、自作農が増え、土地資源の高度利用が進み、結果的に下層庶民にも富の蓄財《ちくざい》を成すチャンスを与え、「新しい民衆の登場」を用意することになっていくのです。

郷士株を買取った後期の自由郷士たちは、「永代小作権」や「加地子米収得権」のさかんな私的売買で農地の流通性と交換価値を一段と高め、結果的にさらなる自作農の広域的な加速を促《うなが》します。こうして「社会的な富」が多くの人民に開放され続け、郷士の身分株の私的売買とともに「土地と身分の解放」が同時に進行し、江戸幕藩体制下において土佐は未知なる自由な社会に向かって進んでゆく、とんでもない事態を招くことになりました。

かつて公家から武家へと政治体制が変革されたとき、単に社会的な富が公家から武家に移っただけで農民層や下層庶民の生活はいつも貧しかったのですが、このときは「富の移転」が土佐の下層の民衆にまで一気に訪れることになったのです。
土佐における「永代小作権」は、規模で見ても全国をしのぐものでした。およそ契約書類で確認できるものだけでも、約80、000反、つまり約8、000町歩(1町歩＝10反＝3、000坪＝0、992ha)にも及ぶ広大な面積に設定されています。これは土佐の全小作地の半分以上にあたり、「永代小作権」契約に関係する戸数や人口数は膨大になります。その数の多さから、ほとんどの土佐人に「永代小作権」が理想とした「ものの見方、考え方」が浸透していたと考えられるのです。

この背景には、かつての誇り高き武士が城を追われ、「自由に生くべきか、忠実に死ぬべきか」の苦悩の闇からはい上がり、「主君への忠誠」という古い武士道観を捨て去り、同時に長宗我部家の封建呪縛《じゅばく》からも脱し、山内土佐藩での屈辱的ともいえる最下層の郷士職に新たに仕官することで、他人から向けられる批判や制裁を気にせず自分の信念で生き抜くことを余儀《よぎ》なくされた事実にもとづくドラマがありました。

「個人」の発見と「自由」との遭遇《そうぐう》を果たし、新しく生まれ変わった郷士たちは百姓と向かい合うとき、強い立場で弱い者を喰いものにする覇権的あるいは封建的なやり方ではなく、弱い立場の小作人を尊重して取り扱おうとする「近代的態度」を身につけ始めていたのです。

こうして、旧長宗我部の失業サムライと百姓たちが平和的に協力することで、そもそも人間には格差など存在せず、それぞれ個人が独立した機能と自立的な社会的役割を果たし、お互い自由で対等な立場で依存し合う平和的な関係が理想であるという、「永代小作権」の「ものの見方、考え方」が確立してゆくことになりました。

四、農地の権利関係から「所有」意識が生まれた

1　一田二主制に近かった「永代小作権」

一つの農地に二人の地主、いわば「一田二主制」のような土佐の「永代小作権」は、現在の我々の感覚からは奇妙なものに見えますが、当時の土佐人にとってはむしろ一般通念としてあたりまえの常識に近かったように思われます。

そもそも法のあり方は、その地域の国民性や精神性の特徴を反映します。およそ世界の法秩序を整理すると、キリスト教文化圏、東アジアの儒教・仏教文化圏、そしてヒンズー教文化圏やイスラム教文化圏などに大きく分けることができます。西洋キリスト教文化圏に対し、日本は中国とともに儒教・仏教の東洋文化圏に属します。

日本の古きエリートであった高僧などの遣隋使、遣唐使によって中国を模倣した班田収受や律令法がもたらされます。日本の国家体制が出発した「大化の改新」の土地制度は、個人が支配する「私的所有を認めない」公地公民制を原則としてスタートしました。いわゆる狩猟・放牧民族として、雨量が少なく広い土地を比較的容易に個人が支配できた西洋地域に比べ、降雨が多く草の成長が早い環境では土地の管理にも多数の人間の協力が必要で、とても一人で広大な土地を支配することが困難な気候風土の東洋地域とでは、もともと「所有」に対する文化人類学的な「ものの見方、考え方」に違いがあるのは当然だと思われます。

同じ東洋の隣国・中国人民共和国の土地制度に目を転じれば、古い時代から伝統的に「東換不換佃……（地主が変わっても小作は変わらない）」という原則があります。この哲学は分割所有権や二重所有権を意味し、今も中華人民共和国契約法にその趣旨は生きています。

古来より中国の農村では、土地について「田面権」と「田底権」に分けて尊重してきた長い歴史がありました。この「田面権」は土佐で普及した「永代小作権」に近く、土佐の庶民の間では「うわつちもち」と呼ばれ、実質的に土地を支配しました。一方「田底権」は名義上の地主に相当し、土佐では「そこじもち」などと呼ばれ、形式的な場合が多かったようです。

そもそも、日本人の内面基層に流れる「所有」に対する意識は淡白《たんぱく》だったのかもしれません。たとえば徳川幕府が大政奉還するとき、徳川慶喜は見返りとして土地の補償や対価はいっさい求めず、すべて無償で返上し、全国の大名も同じように無償で返還しました。この点、西洋ではイギリス連邦が成立するとき、イギリスの各諸侯は当然の権利として土地に対する補償金を政府に要求しています。

実は、土佐で広く普及した一田二主制に近い「永代小作権」の考え方は、まったく奇想天外な発想ではありませんでした。江戸時代に新田開発への投資や金融ビジネスへ参入する中、土佐の近世で台頭する郷士たちが開発した「分割所有権」や「二重所有権」のような創造的な考え方は、もともと土地はたった一人の個人による絶対的な支配、つまり「私的所有」を許さず、土地は本来すべて「公地」であるという日本国家の最初の法秩序、すなわち律令国家の「大化の改新」で宣言された基本原理に回帰するかのような思想的な動きと言えるかもしれません。

その意味では一種の文芸復古、いわば日本の思想史におけるルネッサンス運動といっても言い過ぎではないと思います。

2　イタリアのルネッサンスとの共通点

「分割所有権」や「二重所有権」という考え方で新田開発をビジネス感覚で展開してゆく土佐の郷士たちの精神性は、紀元1世紀ごろ、ローマ市郊外のノーメントゥムに60ユーゲラ以下のぶどう園を作り、これを40万セステルティで売却した例に近く、ヨーロッパの大土地所有制であるローマのラティフンディウムの精神性に通じる部分があると思います。紀元1世紀に出されたプリーニウスの『博物誌』第14巻には同じようにローマ市郊外で60万セステルティの値段で買い入れた荒廃したぶどう園を改良して4倍の価格で売却する話が出てくるなど、当時のローマの代表的な農業書などでは、「うまく買い入れ、うまく売る」、むしろいかに多くの貨幣収入を稼ぐかが大事であると断言しています。（1セステルティウスは現約42ドル・『土地所有と現代』篠塚昭次）

「田畑売買禁止令」下にあった日本の江戸時代には、全国の百性たちは「神農の教え」として純朴《じゅんぼく》な勤労成果を善良なる農民の大事な指針として収穫に励み、汗を流していました。しかし郷士地主たちは、もともと高尚に忍耐して汗を流す百姓ではなく、いわば現代人に近い側面を持ち、むしろ農業経営の社長的感覚で資本主義的な功利主義を実学的に展開していったと言えます。

郷士株の売買に参入することで、たとえ貧農の家系に生まれたとしてもその宿命から解放され、誰もが知恵と工夫で努力すれば金持ちになれる——まるで夢のような新しい自由の風が村々の周辺や身近な庶民の日常まで心地良く吹き始めたのでした。

世界史を見れば、固定化した土地の収入に頼ったイタリア封建貴族の没落後、合理主義に目覚《めざ》めた新興勢力として商工業者が活躍する時代がありました。蓄財《ちくざい》を下品な蔑視《べっし》行為と考えず、自分に向けられる評価を気にしない新しい功利主義者として活発に自由取引をする活力みなぎる世相の中から、ルネッサンスは生まれたのです。

全世界を新しい時代へみちびくことになったイタリア・ルネッサンス当時の政治状況は、政府に全土を統一する力がなく、隣国ドイツやフランス王がイタリアの支配をめぐって争乱し、都市やローマ教会も独自に外国勢力と利権を深めるなど、政府の権威はことごとく失墜《しっつい》し、混沌《こんとん》とした小さな弱腰政府の状態でした。

まさしく、静岡から土佐国に約1、000人の兵力で新領主として入国したものの、およそ10倍の長宗我部のサムライ勢力に取り囲まれた冷たい現実の前で、なすすべのない山内土佐藩と似ている部分があります。長宗我部元親の亡霊たちの勇敢な一斉蜂起を絶えず警戒し、郷士たちの露骨な「サムライ性」と正面から実際に向かい合うと、いつも弱腰に見えてしまう「小さな政府」ともいえる状況があったのです。

このことを暗示するものとして、地方史研究家の小関豊吉が発表した研究論文があります。土佐藩政の初期から、毎年正月11日に開催される「騎乗閲兵式」がありました。これは藩主の面前で行われる恒例式典で、群集が多く拝観する栄誉ある一大盛儀だったのですが、たとえば寛文2年(1662)の式典参賀の参加騎士目録である「御騎初目録《おのりぞめもくろく》」によると、式典への全出席騎士数は、土佐藩士296騎士、郷士の騎士数613騎士になっています。このことを小関氏は次のように述べています。「……実に全騎馬武者の6割7分は郷侍を以て占めていたのである。これは家中の士にとりては薄気味の悪いことで在ったろう……」(小関豊吉「土佐藩の郷士について」(土佐史談第48号　1934年)

五、「永代小作権」の思想原理が民衆の中にとけ込んでいった

1　土佐藩を無視する郷士たち

「永代小作権」や「加地子米収得権」の売買、郷士株の私的取引など、これら活発な経済活動の展開により、それまで「土地と身分が固定」されていた山内土佐藩の封建秩序にほころびが見えはじめてきます。新たに台頭してくる郷士たちに統治者として睨《にら》みがきかず、山内土佐藩の権威は失墜の一途をたどる中、まるであざ笑うかのように、封建権威に対峙《たいじ》した「自由、対等」という思想原理がますます庶民層の内面に根をおろしてゆきます。

このあたりの事情を、土佐勤皇党の領袖的存在で知られる大石弥太郎の家系に残る古文書に見てみます。土佐藩参政職・吉田東洋を暗殺する後《のち》の大石団蔵が出るなど、大石家は土佐勤皇党という近代への政治的さきがけの「革新存在」でした。その大石家は、発祥《はっしょう》当時から郷士層との深いかかわりをもっていました。

そもそも大石弥市郎が宝暦13年（1763）、「幡多郷士召出」という、商人や町人にも広く開放された「幡多郷士募集」に応募し、新田開発を始めます。明和3年（1766）8月12日付の「領地差出」で正式に郷士職に認められ、34筆（34ヶ区画）の新田登録が完了しますが、幡多に移住することはなく赤岡町に住み続けます。

「近年幡多郡別段々人減ニ相成、猪鹿徘徊いたし候而、作荒之田地夥敷出来、逐年衰候様ニ

相見え候」とすでに一般公告されていたように、「幡多郷士募集」の目的は人口減少、過疎荒廃《かそこうはい》を防ぐ移住政策にあったため、山内土佐藩は大石家に何回も移住を促《うなが》します。しかし、大石家は明和8年（1771）に「但右場所江代人相備、爾来住所之赤岡村ニ旅宿相立申候」などと差出（返事文）を出し、いろいろ理由をつけて幡多（現在の幡多郡）に移る気配を見せないどころか、ほとんど無視します。

一向に従わないので、今度はとうとう山内土佐藩のほうがあきらめ、文化8年（1811）3月16日付で「中郡より差出申新規郷士之者共、幡多領地差上御免売地買請候様被仰聞候得共、私小身者ニ而得かい不申候」と伝えてきます。つまり、幡多地区で開発した新田を山内土佐藩に返上し、その代わりに山内土佐藩の直轄地である農地との交換を提案してきたのです。しかし、郷士・大石家はこれもまったく無視します。

あくまで面子《めんつ》を保ちたい土佐藩は「幡多郡を本ン宅と唱申様」と、せめて本宅だけでも建てるよう通告してくるのですが、大石弥市郎は「本宅唱之義居懸リ野市村ニ被為仰付」と言って、相変わらず無視しています。[※11]

郷士・大石家はその後も移住せず、それどころか土佐郡森郷小南川村（現在の土佐町森）や長岡郡角茂谷（現在の大豊町角茂谷）など、遠隔地の新田開発事業にあいかわらず不在地主として手を出し続けました。

この経過で、土佐藩と郷士の変化する力関係を見ることができますが、注目すべきは、すでに失墜している権威を表面的にでも保つため、妥協案として幡多で新しく開発した「新田」と土佐藩直轄の蔵入り地である「本田」との交換を提案したことです。郷士たちは開発した新田にはほとんど「永代小作権」を設定したので、開発参加者の中には交換に合意した郷士もいたはずです。つまり開発された「新田」だけに限らず、交換された土佐藩直轄の「本田」にも「永代小作権」の自由、対等の思想的な流れが普及していくことを許してしまったのです。

こうして封建制の崩壊につながる「永代小作権」の「ものの見方、考え方」は土佐藩の直轄地までまき込み、土佐全土の広域に暮らす一般大衆に広く浸透してゆくことになりました。

2　失墜する土佐藩の権威――上士・井上左馬之進の郷士殺害事件

山内土佐藩では、武士の身分を上士と下士に分け、それぞれ「士格《しかく》」、「軽格《けいかく》」と呼びました。下士にあたる「軽格」は軽輩《けいはい》とも呼ばれ、いつも軽蔑《けいべつ》の念を含み差別的な扱いを受けたようです。このような抑圧感に耐えかね、日頃から郷士たちはささいなことで上士である「士格」たちと衝突しました。

寛政9年(1797)2月6日に起きた井上左馬之進の事件では、井上左馬之進(土佐藩士・上士)の家で、高村退吾(郷士・下士)が井上の持っている刀を愚弄《ぐろう》します。カッとなった井上は、怒ってその場で高村を斬り殺してしまいます。仲間の前で自分より身分の低い郷士に侮辱《ぶじょく》された井上にとっては、武士に与えられた特権として当然のことだったのですが、これが大騒ぎとなり、土佐藩がこの事件について取り調べにあたることになりました。

まず、土佐藩士・井上(上士・馬廻役《うままわりやく》)の刀に悪口雑言《あっこうぞうごん》を浴びせた郷士・高村(下士)の行動は無礼《ぶれい》であり、殺害に及《およ》んだ井上の行為はいわゆる「無礼討《ぶれいう》ち」であると判決され、殺された高村は「下士格」の世襲家格も断絶され、郷士身分まで奪われます。一方、殺害に及んだ井上左馬之進は軽い謹慎《きんしん》の処分だけで終わります。

ところが、この判決に不満をとなえ怒った郷士たちが集まり、井上の軽い処分に比べ高村の処分は厳しすぎる、不公平だと抗議をして、山内土佐藩に処分の変更を求めました。

そこで山内土佐藩は審理をやり直すことになり、抗議に屈して次のように処分を変更します。殺害した井上左馬之進は知行220石から20石に減俸《げんぽう》し、身分も「馬廻役」から「扈従格《こしょうかく》」の職に格下げするという降格処分を行いました。

しかし、郷士たちはこれでもまだ井上左馬之進に対する処分は甘い、高村家のお家断絶と比べ片手落ちだ、郷士を愚弄《ぐろう》する気か、と意気込み騒ぎます。日ごろの鬱憤《うっぷん》もあり、さらに多くの郷士たちが結集し不穏《ふおん》な挙動を起こし、山内土佐藩に対して脅《おど》しをかけるのでした。

山内土佐藩はさらに検討せざるを得ず、再び処分をやり直します。そして、殺害した井上左馬之進から武士格を完全に奪い取り、犯罪者として仁淀川から西へ追放処分することにし、郷士たちの要求に完全に屈服してしまいます。※12

階級格差は武士社会を支える封建制度の重要な身分制度であり社会秩序の根幹で、武士の威厳《いげん》の象徴である日本刀への無礼《ぶれい》行為に対しては、斬り捨てていい特権がありました。本来、山内土佐藩の処分はまったく間違っておらず、無礼者を切り捨てる勇気がなければ、逆に井上左馬之進は仲間から非難され制裁を受けかねないのです。

この事件の経過をよく見ると、郷士たちと土佐藩士との不信の念は決定的なまで深刻化しており、上士と下士との間に存在する憎悪に近い深い対立を読み取ることができます。社会の水面下で隠然《いんぜん》たる力をつけた郷士たちに、まるで翻弄《ほんろう》される山内土佐藩の姿は、もはや権威が完全に失墜したどころか、実質的にはほとんど崩壊していたと言っていい状況だったことを映《うつ》し出しています。

すでに日が暮れ、夕闇の暗い夜道を肩を落とし、トボトボとうつむきながら歩く土佐藩士たち、そこには落ちぶれてゆく封建権威の淋しい後ろ姿がありました。

3　庶民生活が豊かになるほど強まる制限と反発

近世期の土佐においては、郷士たちの内面には土佐藩に対する怒りに近い徹底した不信の念がくすぶり続けていました。この欲求不満や反発は、郷士だけでなく、経済活動に活路を見出して新しく台頭した者や新時代の訪れに目覚めた活発な民衆たちのあいだでも、社会の水面下で大きくふくれ上がっていたと思われます。

寛文2年（1662）に山内土佐藩は、「国中掟」というお触書《ふれがき》を出すのですが、ここでは百姓たちと漁師が直接会って自由に物々交換するのを禁じています。さらに翌年の寛文3年（1663）、庄屋の妻女には高価な絹などの着用は許されたのですが、百姓や一般庶民には贅沢《ぜいたく》は固く禁止されました。江戸時代、全国諸藩どこも同じだったと思われますが、庶民たちの衣類はすべて木綿《もめん》の生地《きじ》と決められていました。

また元禄5年（1692）の2月令では、家を新築する際に一般庶民は部屋に畳を敷くことは禁じられ、座敷などの内部についても細かく制限を受けました。さらに元禄11年（1698）には、襖《ふすま》や障子《しょうじ》の建具の部材について、そして門《もん》や塀《へい》などの作り方にも細かい制約を加え、とうとうヒノキやケヤキの良質材の使用まで固く禁じ、安い松材を使うように材質まで口をはさむのでした。これに反発して無視する者が出ると、元禄15年（1702）には、取り締りのため道路沿いの建築はすべて役人に届け出を義務づけるお触書きを発しています。

享保4年（1719）に出されたお触書きでは、庶民には冬の寒空でも足袋《たび》や雪駄《せった》の使用を禁じ、宝暦8年（1758）にいたっては木草履《きぞうり》の使用まで厳しく禁じます。そして明和9年（1772）には、庶民の結婚祝いの調度品や結納金《ゆいのうきん》の金額まで細かい制限を出しています。※13

真面目に一生懸命働く庶民のささやかな自由までことごとく奪ってしまう立て続けのお触書の発布《はっぷ》、終わりなくつづくイヤミな身分格差など、これら息苦しいほどの束縛《そくばく》はただひたすら庶民の反感を招き、怒《いか》りを増幅させました。

一方、これらのお触書から、すでにこの頃、貨幣経済の発達とともに、海運による大阪・堺との経済流通も盛んになり、庶民の生活にゆとりができ、暮らしぶりが少しずつ豊かになっていく様子をありありと読み取ることができます。

「臆病《おくびょう》な犬ほどよく吠える」。山内土佐藩がいくら弱腰政府といっても、表面的には江戸幕藩体制下において、やはり治世を担当する封建領主として威厳を示す立場上、どうしてもお触書きは発布しなければなりません。庶民の生活に余裕が生まれ、豊かになればなるほど、生活のすみずみまで口を出し、あからさまな身分格差や差別はかえって強まることになります。

規制が強まるほど、一度吹きはじめた自由の風の勢いはかえって強まっていかざるを得ません。結果的に、一般大衆の山内土佐藩に対する不満や鬱憤《うっぷん》の社会総意は極限にまで高まり、封建権威に注《そそ》がれる抵抗の視線と反骨の岩盤はより強固になっていったと考えられます。

4　庶民レベルに浸透する「資本と労働の分離」

山内土佐藩への新田開発の申請手続きは郷士たちが行い、開墾後は地主として小作料だけを収得し、土地に関する「責任と権限」をすべて小作人に与え、丸投げする。このような風潮は一般大衆に大きな抵抗もなく受け入れられ、土佐では本格的な勢いで「資本と労働の分離」が農民層や下層の庶民レベルのすみずみまで普及していき、生活環境やとりまく周辺事情のあり方にまで近代性や合理性の視線が持ち込まれてゆきます。

実際に農業に従事する永代小作人たちは、何事も自己責任と自助努力で処理しなければならず、自然災害にいかに対処するかも「独立した個人」の責任にゆだねられます。そこではあらゆる工夫と知恵を自ら考え出す以外になく、ここに「権利と義務」という近代の概念、後の自由民権運動の萌芽を広く大衆の間に用意することになってゆきます。

この動きは模倣に始まる先進国の学識的技巧の吸収とは違って、文盲教育の遅れた庶民層にとって、知性や知識のかたよりが招きやすい矛盾や間違い、つまり主知主義の誤謬《ごびゅう》に決して陥《おちい》ることなく、単純に「損か得か」という日常の必然性から身につく「世間の実学」を通して普及してゆくところに土佐独特の特徴がありました。

明治のエリートたちのように外国から輸入した知識や理論ではなく、また模倣した思想による触発でもなく、ささやかな生活を生き抜く必要からみちびかれた土着の知性から「自由、対等」を身につけたものでした。その主人公は、生産と生活の勤労主体としての農民層や下層庶民たちでした。その意味では、「自由、対等」に目覚めた素朴な民衆たちがさまざまな色彩を放つ多様な個性的な群像へ変貌することで、未来社会にとてつもない大きな人材の塊《かたまり》を地方史に準備したと言えます。

土佐では丸投げした地主たちは権利として小作料だけ収得し、災害や病気に身構えるリスクヘッジの行動として「加地子米収得権」の売買へ向かいます。さらに小作人たちの生活防衛の行動は、台風災害などで困ったときは「永代小作権」の売却に向かいます。このようにして、金融工学的に災難や凶作に対するリスクが分散されてゆくことになります。

この危機にそなえるリスクヘッジは、土佐が遠い過去から宿命として背負ってきた台風災害や不作・凶作などの悲惨な教訓から、常に社会的弱者である貧農たちの餓死という、残酷《ざんこく》な犠牲によって決済されてきた庶民史の社会矛盾を合理的に解消する仕組みとして生み出されました。これらは、今まで誰も解決できずに手をつけることができなかった悲しみや苦しみを確実に減らす画期的な機能の開発でもありました。一人の人間が絶対的に支配できる所有権のあり方と正面から向かい合い、万民すべてが等しく幸せになれる仕組みの開発に知性を向かわせ、創造的な価値をつくりあげ社会に貢献した役割は大きく、世界に誇れる日本の「歴史遺産」だといえるほどです。

土佐の農民は、はるか弥生時代の稲作に移行したときから、いつも収穫の秋に襲《おそ》われる季節風の影におびえながら生きてきました。襲って来る大型台風は人間の作為や英知をはるかに超越した神々のしわざ、ひとたび上陸すれば、家は飛び、橋は流され、人は死ぬ。この猛威の前では強い者も弱い者もありません。

集中豪雨や大干ばつの日照りも含め、はげしい狂暴性を秘めた気候風土の恐怖から、収穫への期待と不安、追いつめられたストレスからの逃避、これらを原因とした飲酒がやがて無意識に日常習慣に定着して、土佐の酒天国の一因となったと考えることもできます。

大事なのは「運」であり、農民たちは嵐が来ない「幸運」をひたすら願い、自然のもたらす幸せな「偶然」を期待して神に祈る努力を捧《ささ》げる気持ちが強くなり、そのため土佐では人口比率で見ると神社数が日本で一番多く存在するようになったのでした。※14

地主も小作人もすべて身分の上下に関係なく、人間はみんな同じ微力な存在として苦痛や悲しみをお互いに分け合い、それぞれ「喜びも、悲しも」すべて一緒に等しく分割して対等に所有するという、相互依存の倫理《りんり》が実学的に昇華《しょうか》され、社会通念として一般世間に定着し、土佐のあらゆる地域に社会の総意となってゆきました。「開墾永代小作権」※15「土地改良永代小作権」「分与永代小作権」、さらに「買受永代小作権」「留保永代小作権」、そして「認定永代小作権」や「土地分け永代小作権」など、あらゆる場面でそれぞれ求められる機能を果たしながら、「永代小作権」や「加地子米収得権」は民衆の中へ、いつでも、誰でも、利用できる日常の中へとけ込んでいったのです。

六、零細な農民が主体となった市民革命を準備した

1　権利を売買する

戦国乱世が終わり、平和になった江戸時代は人口が増え続けてゆきます。それに伴い、食糧をはじめ諸物価のインフレーションが定着し、貨幣価値は下がる一方でした。農耕に汗を流し、働いてせっかく貯金しても、お金の価値が下がれば意味がないのはいつの時代も同じです。

土佐の気候風土が持つ狂暴性を考えると、便利な保冷倉庫もない時代、米の保存にも限界がありました。当たり外《はず》れの多い不安定な米づくりに老後のすべてを頼るより、国民年金をかけ財形貯蓄をする発想で、加地子米(かじしまい・かじこまい)の収得という小作料を収得できる「権利」を金融債のような安定した「財産価値」になんとか格上げできないものだろうか。そこで、「加地子米収得権」という権利証書なら邪魔にもならず腐らない、おまけに管理に費用もかからず、むしろ将来に価値が上がれば心強い財産になる――たどりついた奇抜な発想、つまり「加地子米収得権」や流通する「永代小作権」を多く買い取り、できるだけ老後にも備えるという発想が生まれました。

幸いにも江戸時代はデフレを何度か経験しますが、ほぼ一貫してインフレ経済は続きます。開発した新田農地の小作人が頻繁《ひんぱん》に変わるのは、地主も本音では歓迎しません。安定した人間関係を基礎に、運命共同体として永久に保全できる「小作契約」にすれば、「永代小作権」は固定した商品として流通売買できるようになるはず。「加地子米収得権」も同様な考えで、食糧の現物支給を保障する生活福祉を視野に入れ、現在の国民年金的な側面をより強調させるアイデアで、将来の値上がりも期待できる金融派生商品として、いつしか多くの土佐の庶民に支持されたと考えられます。

この着想は、必ずしも通貨だけに依存しない有力な補完機能のあり方として、現在の我々に一つのヒントを暗示していると言えるかもしれません。世界各国の経済が緊密に連鎖する今日の国際的な「金融危機」に対処するリスクマネージメント（危機管理）として、「加地子米収得権」や「永代小作権」のように自宅に必ず米俵《こめだわら》が届く、つまり食糧債権の機能面は充分興味が持てそうです。

徳川幕府の「田畑売買禁止令」下で、場所や地域にこだわらず広範囲に流通する金融商品として開発した郷士たちのこの発想は、もともとささやかな生活防衛のため考え出されたのですが、すでに高度な金融工学から「貨幣の限界」にまで考察を広げて、民衆の、民衆による、民衆のための、社会保障の領域にまで足を踏み入れていたと言えます。

これら、いつの時代も圧倒的多数の下層構造を構成するはずの零細な民衆たちが主体となって時代を推進してゆく姿、そのあざやかに放たれた土佐の民衆たちの「近代感覚の色彩」は世界史レベルで超革新的だったと言えそうです。

2　身分を売買する

誰もが金持ちになれる夢やチャンスが開かれる――郷士株を手に入れた後期の自由郷士たちは、買い取った郷士身分の甘い汁を吸い尽くし、打算された知恵と工夫を駆使《くし》しながら、しがらみに捉《とら》われない自由な生き方を展開してゆきます。

そもそも身分の売買につながる郷士株の取引は、郷士の家系に跡継ぎがない場合、特別に譲渡が許可されていたのですが、その後歯止めが効かなくなり、いわゆる他譲郷士《たじょうごうし》(金で身分を譲ってもらう郷士)が公然と一般化してきます。

たとえば北川郷菅ノ上村(現在の安芸群北川村)の郷士・八左衛門は、凶作のため窮乏《きゅうぼう》し、天保8年(1837)5月15日、香美郡土居村(現在の香南市野市町)の百姓・庄平に表面は「郷士職分領知共(郷士の身分と土地)」を譲り渡したことにして、後から領知(土地)を除き、郷士職分(郷士の身分)だけを100匁《もんめ》(1匁は80文)で売り、その手付金に10匁を受け取るなど、実に手の込んだ粉飾までして身分を売り、現金を手にしています。[※16]

また、安芸郡吉良川(現在の室戸市)にある田中家は、宝暦4年(1754)7月22日、高岡郡越知面(現在の高岡郡梼原町)で、郷士職分と領地104石1斗6升5合を8銭《ぜに》13貫600匁で譲り受けた記録が残されています。

郷士株の売買は社会の水面下で広範囲に行われていました。郷士株を他人に譲《ゆず》っても、郷士職を40年間以上継続した家柄は引きつづき苗字を名のり刀を腰に帯刀できるいわゆる「苗字帯刀《みょうじたいとう》」が許されたので、外見上わからなかったことも郷士株がさかんに売買された理由になったと伝えられています。三菱の創始者である岩崎弥太郎の実家も郷士株を売り渡したため、弥太郎は落ちぶれた地下《じげ》浪人と呼ばれる身分からスタートすることになりました。

そもそも江戸時代の固定した身分制度でも、人生の途中で身分が変わる特殊な例はいくつかありました。たとえば藩に貢献度が認められ、特別に取りたてられた山形県(酒田市)の本間家、新潟県の市島家、石川県の木谷家など、また封建領主の金融方の特殊な仕事(職業)を長く務《つと》め、その実績が評価された大阪の鹿島家、天王寺屋、平野家、長田家、山下家、鴻池家、山中家、中原家など、特別な功労によって用心格・家老格などに格式身分が上がり名字帯刀が許された例があります。

さらに、一般人にも名字帯刀が許された特殊なケースもあります。固定されたわずかな世襲的な家柄だけに限られたケースですが、京都、堺、江戸、大阪、長崎の5か所の生糸輸入特定商の22人だけに限った「糸年寄《いとどしより》」というグループがありました。また、「身分株」の売買が比較的公然と許された特別な例として、江戸で約500石以下の武家たちを相手に高利金融業を営む「札差《ふださし》」という集団があり、営業を109人に限定したことから、その仲間内だけに限って「特権株」の売買が認められていました。

しかし土佐で行われたような、一般庶民が勝手に値段を決め、誰もが売買できる「郷士株」の私的取引などは、他藩に存在したあり方とは本質的にちがっています。自由に値段を決め誰もが取引できる、これは大衆社会に大きな自由が確保されていることが前提になります。自由市場、言い換えれば土佐では自由に農地が売買でき、職業さえ選択できるチャンスがあるという、とても信じられない「自由な庶民文化」がすでに民衆たちの間に根をおろし、もはや地域風土と呼べる民衆世間の基層にまで到達しつつあったことを示しています。

表面的な歴史記述で捕捉《ほそく》しづらい最下層でうごめく大衆たちが日本で最も早く「自由の価値」に目覚め、「自由に対する態度」を手に入れたわけです。自由な雰囲気とヒューマニズム的な輝きを放ちながら近世時代を駆け抜けた土佐の地方史を、日本史は間違いなく所有していたのです。

3　新たな自由郷士の登場と土佐藩の財政難

土佐藩の財政は、直営の所有地である「本田」と呼ばれる蔵入地《くらいりち》からの年貢収入に依存していましたが、財政構造は恒常的に悪化してゆき、享保時代にはとうとう藩士の俸禄(給料)を「半知」(50％)や「四分の一借上」(25％)という大幅な賃金カットまで断行せざるを得ないほど深刻になっていました。

一方、日常の雑費や必要諸経費はすべて現金(銀)で支払わなければならず、インフレによる貨幣価値の低下でさらなる現金不足を招き、危機的な財政難は続きます。山内土佐藩は天明7年(1787)、徳川幕府に対して参勤交代の儀礼諸式の負担を少なくするため、なんとか10万石の低い大名扱いに格下げしてほしいと願い出る情けない嘆願をしているほどです。蔵入実高《くらいりじつだか》の年貢収入はそれなりにあるのに、なぜ土佐藩はこんなに貧乏だったのでしょうか。

この原因の一つに、給料として与えた知行扶持米を給知高(受取高)のランクに応じて石数量を現金で買い上げる「買米制度」が影響していたことがあります。家臣が生活するには大変便利だった代銀(現金)支給制度ですが、貨幣経済の浸透と押し寄せるインフレの波で、お金の価値が下がれば下がるほど深刻なほど現金需要が増え続けるという、まったく出口の見えない悪循環に陥《おちい》ってゆきました。そこへ追い討ちをかけるように、徳川幕府から課役や御用金(寄付金)の要請など拒否できない困った催促に悩まされます。土佐は本州から遠く離れ何をするにも経費がかさみ、徳川幕府の要求は想像以上に深刻な財政をさらに追いつめていったのでした。

この財政難を乗り切ろうと、二代藩主・山内忠義は知恵をしぼり、まず万治元年(1658)に材木89,000本、そして延宝元年(1673)にも60,000本、さらに天和2年(1682)には10,000本を要請代金の代わりに献上し、何とかピンチを切り抜けました。しかし、あいかわらず忍び寄る悪性のインフレ経済には打つ手がなく、とうとう最後の手段として元禄15年(1702)と慶応元年(1865)、二度にわたる貨幣の鋳造、通貨の乱発に追い込まれることになります。※17

公表できない深刻な台所事情、土佐藩の権威失墜につながるこの裏事情は、藩主の治世にいつも憂鬱《ゆううつ》な暗い陰《かげ》を落とし続けました。なんとか財政破綻《ざいせいはたん》を食い止めようと、悪あがきと言われようが、年貢の安定増収を促《うなが》すあらゆる打開策を打たねばならない余裕のない政治状況だったのです。※18

郷士たちに「永代小作権」の売買や「加地子米収得権」の自由取引などを黙認せざるを得なかったのも、実はこのためだと考えられます。そして、「幡多郷士募集」や「仁井田郷士募集」「窪川郷士募集」など、封建制度の空中分解を招きかねない大胆な開放政策をなりふり構わず進めます。さらに、「質入れ」として偽装された土地売買であっても見て見ぬふりをして、ほぼ容認してしまいます。そして最後には、藩直轄の本田にも人権尊重の色濃いヒューマニズムに縁どられた「永代小作権」の設定まで認めざるを得ない墓穴を掘ってしまいます。

こうして、半ば公然と、なしくずし的に行われる自由な私的取引の活発化に対しても、山内土佐藩は強い態度で臨《のぞ》むことも強行な政治決断を下すこともないままでした。いま一つ迫力のない、小さな弱腰政府の状態は、ほぼ近世期を一貫し明治維新まで続いてゆくことになりました。
見方を変えると、土佐藩が「自由、対等」という「永代小作権」の思想原理を皮肉にも推進してしまったと言うこともできると思います。

4　郷士たちのダイナミックな経済活動

新しい時代に夢を広げ、自分の信念で行動し、まわりの主張や権威に振り回されず、毅然《きぜん》と立ち向かう自己確立した土佐の人々の祖先に、なぜか共通して郷士の家系を見ることができます。

権力の偽善や偽装に反骨する冷《さ》めた視線を内面に持ち、本音が支配する世界で積極的なビジネス活動に励む郷士たちの一端を、桧垣家の古文書に覗《のぞ》いてみます。安政元年（1854）に元金102匁3分5厘を貸し付け、その利子として18匁3分5厘を受け取っている記録があり、新田開発のほかに、蓄財の方法として個人金融の金貸し業をしていたようです。金利は月1分2厘から1分5厘の水準だったことがうかがえます。また零細な小作人などに農耕用の牛馬を貸しつける現在のリース業なども営み、生まれた子牛はすぐ売却し、親牛の資金をすばやく回収するなど、したたかな蓄財を手広くおこなっています。

同じように旧家・久保家に残る古文書によると、久保所兵衛長重は新田開発で土地を開墾して生活基盤を固め、その後商船2隻《せき》を買い入れ、木炭などの輸送業を始めます。そして物品を大量に安く買い入れ、利益を乗せ、すぐそのまま横流し的に転売する転送業を営み、安芸地区（現在の安芸市）を拠点として商事的ビジネスを拡大してゆきます。金もうけを決して下品で卑《いや》しい行為と考えず、あらゆるしがらみから解放され、自由に生きる人間像を久保家の商業活動のダイナミズムに見ることができます。

さらに久保所兵衛長重の孫である長治は、現在の安芸地区にあたる芝ケ平の新田を開墾し、宝暦元年(1751)8歳で郷士となり、その8年後、すなわち現在の成人式にあたる元服《げんぷく》を終えるとすぐ郷士職を他人に売却し、現在の安芸市・伊尾木に移住して福屋伝太郎の名義を借りて酒屋業の経営を始めます。

このように郷士たちは、郷士職の名義身分を100%上手に利用し、ありとあらゆるビジネスチャンスを逃さず、現代人顔負けの合理的な功利活動を展開しています。

他人から向けられる評価を気にしない、この陽気な金権主義は、安芸郡井口村(現在の安芸市井口村)出身の岩崎弥太郎にも影響を及ぼし、インスタントラーメンからミサイルまで、儲《もう》かれば何でも手を出す貪欲《どんよく》ともいえる三菱商事の功利精神につながってゆきました。

自らは何も製造せず、他者の努力による完成品を仕入れ、すぐ転売するだけで大量の利益を得る、いわば徹底的にリスクを避け利ざやだけに専念する露骨《ろこつ》な合理主義、ここに日本固有のお家芸《いえげい》とまで世界で揶揄《やゆ》された総合商社の発祥の産声《うぶごえ》と由来を見ることができます。

「損か得か」の打算的な実学を優先する郷士たちは、自らの営利活動を組織的にバックアップするため、現在の商工会議所や協同組合のような「郷士仲間」という組織まで作り、年中行事の開催、役所の広報伝達、会員間の相互親睦《しんぼく》など、情報交換や扶助《ふじょ》的な助け合い活動まで精力的に行っています[※19]。そこには当然、金銭の融通《ゆうずう》や役所対策も含め、多様な「政治工作的活動」があっただろうことも容易に推測することができます。

このように、「士農工商」の身分制度下ではあいまいな身分に過ぎなかった郷士層が、経済分野を中心にしだいに実相社会で存在感を持ち、新しい第三の新興勢力として、本音の世間で隠然《いんぜん》たる影響力を確実に固めていったと思われます。

5　自由な雰囲気が生んだ民撰議会設立の建白書

このような新しい時代の変化を予感させる「新しい大衆」の登場を裏づけるものとして、天明7年（1787）に土佐藩の留守居組《るすいぐみ》の侍である今喜多作兵衛高光が山内藩主に上申した民撰議会の設立に関する建白書の中に見ることができます。

「五箇条の御誓文」は明治維新樹立の際にかかげられた基本原則として有名ですが、この考え方は坂本龍馬の「船中八策」がきっかけと伝えられています。しかし実はそれより約100年も前に、すでに土佐では君主を頂点とした「万機公論に決すべし」の精神性を尊重した議会制度の創設構想が姿を現していました。

「御国中、上下貴賤に限らず、忠信の人をもって御選び出し成させられ、御側に差置かれ、万端御詮議など仰せつけられ候……御国中の人々へ撰み出し候様に仰せ付けられ……御国政の得失万端委曲申し上げるべき……」（建白書一部抜粋）※20

今喜多作兵衛高光による建白書は、「土佐の全地域から、身分の上下に関係なく人材を選び出し、国政に関するすべてにわたり、多くの意見や審議を経て政策を決定してはどうか」という意味のことを提言しています。つまり土佐全域から身分や階層に関係なく、公選によって人材を集め、政治に参加する民撰議会を設立することが提案の内容となっていました。

この頃になると貨幣経済の勢いが拡大し、役人の賄賂の横行や道義の衰退などが表面化し、もはや武士の精神資源の劣化と涸渇《こかつ》が表面化していました。このような土佐藩士の怠惰と非力に危機感を持ち、武士だけに限る政治参加の特権を否定して、有能な人材の登用をしないと事が立ち行かなくなる政治状況が背景にありました。

この建白書では、藩主の専制君主制も士農工商の身分制も温存されたままでした。つまり西洋模倣の民主主義や議員内閣制とも微妙に違っており、土佐の土着から浮上した独自の考え方で組み立てられています。このような、藩主を頂点として民衆による藩政諮問会議を創設する考え方には、すでに明治期における天皇を頂点にした議会制度の国家観が顔をのぞかせています。

これを機に3か月後、今喜多作兵衛高光は勘定奉行職に出世しています。彼は留守居組の本丸御番や忍び役として調査勤務のため土佐全域に派遣され、あらゆる階層の人々と接触する中、民衆の成熟度や有能な人材確保に確信が得られたからこそ、上申に向かったと考えられます。

民撰議会の設立を起案したこの「建白書」の上申は結局実現には至りませんでした。しかし、日本史上における最も早い民撰議会の提案であったことも間違いありません。日本の将来の国家像を構想し、日本史に躍り出る多くの人間群の出現を暗示するような人材資源の大きな塊が土佐の大衆社会に広く準備され、用意されていたことを示した出来事でした。

6　イギリスのジェントリー層と同じ革新性

封建権力に対して郷士と百姓は、新田開発を今までなかった連帯という形を取りながらつづけ、地図上に新しい土地を発見し「社会的な富」を増やしてゆきます。さらに、所有権のあり方に新しい工夫をして「永代小作権」や「加地子米収得権」という価値概念を考え出し、実学精神を思う存分発揮しながら生き生きと活動してゆきます。

たとえば、村木勘介は明暦4年(1658)と寛文元年(1661)に開発許可を得た合計8町3反(約24,900坪)のうち一部の開墾新田を遠隔地の小作人に一括して下請させ、また安芸郡安田町の清岡家も開発新田を下請けに「丸投げ」します。ここでは組頭《くみがしら》(代理人)を現地に置き、厚遇と成績の目配りで冷徹《れいてつ》な管理を心がけています。このとき、代理人の組頭たちは百姓たちに厳重な態度で収穫を奨励するあまり、元治元年(1864)5月、北川郷成願寺村(現在の安芸郡北川村字島)の百姓15人によって組頭を相手取る紛争まで起きています。(『土佐史談』第88号)

この組頭の行動から、隷属的に奉公する儒教的な色彩の主従関係ではなく、すでに「責任と成功報酬」を背景にした成果主義が支配する、いわば現在の営業活動に近い合理主義が遠隔地の末端まで行き届いているのを確認することができます。この意味で、イギリスのジェントリー階層の「ブルジョア的資本家」に共通する近代的な合理性を身につけ始めていたと言えるのではないでしょうか。

ジェントリー層と土佐の自由郷士は、いくつか同系統に属する特徴がありました。「紳士」を意味するジェントルマンの語源は「ジェントリー」に由来しますが、ジェントリー層はもともと貴族ではなく、正確には有力貴族たちの家来や従属者に過ぎませんでした。ばら戦争や百年戦争など続く戦禍や黒死病の不安、このような社会的混乱と、イギリスで深刻化する封建制の衰退化により、ジェントリー層は没落者から農地を買い入れ、地主の立場への仲間入りを果たして、土地からの収益に専念した寄生地主として少しずつ台頭してゆきます。

当然、ジェントリーたちは正式称号も爵位《しゃくい》もありませんでした。しかし一般庶民からは、富裕者に対してそそがれる眼差《まなざ》しとともに、多少の敬意は受けていたと考えられます。しかし彼らはあえて戦場へ積極的に身を投じ、犠牲的な精神性を強調した奉仕活動に参加し、無報酬で煩雑な行政雑務も引き受けるなど、高貴なる精神性を意識的にアピールし、イギリス階級社会で内面的な蔑視《べっし》を受けやすい成金的な富裕者たちとの違いを見せることにしたたかな成功をおさめたのです。

決して否定できない作為も含む通婚によって貴族とジェントリーとの外見上の違いはしだいに消えてゆきますが、創造的な発想力や自由で勇敢な行動力は衰えることなく身につけていました。そもそもジェントリー層は農耕地主がスタートでしたが、新しい変化の兆候に対する機敏な行動と豊かな発想力を持ち、イギリスが世界に存在感を現わすのは産業革命ですが、この革新性を準備することになる毛織物軽工業の分野にいち早く進出します。その後、現実的に産業革命を大胆に進めることに貢献したのはこのジェントリー層が中心的役割を果たし、彼らのしがらみに捉われないで革新的に行動する実学的精神性が、島国に過ぎないイギリスが世界の大英帝国へ跳躍《ちょうやく》する背景と推進力に大きくかかわっていたのです。

イギリスが繁栄を誇る時代はつづきますが、しだいに高度な資本主義へと社会変化し始めると、ジェントリー層は製造業的な発想からすばやく金融ビジネスに軸足《じくあし》を移し、現在の「金融のシティー」(イギリス・ロンドンの金融街)を中心とする銀行、保険、証券を中心に金融資本、つまり資本主義の先鋭化によるグローバルな金融事業に突き進んでゆきます。こうして、ジェントルマンが時代で果たした役割と、その継承された実績など経済的立場は今日に引き継がれ残ることになりますが、イギリスが世界史にその存在感を示すことができたのは、結局のところ、ジェントリーたちが信条とした未知なるものに挑戦を続ける不屈の情熱と創造的な発想力や解放された自由な精神性だと言えるのです。

「土地と身分を固定」した封建的な伝統の枠組みを脱し、新しい時代や未知なる社会を自由な発想で駆け抜けたジェントリー層が身につけた精神の革新性は、土佐の自由郷士たちの革新的な精神性と、その質と量において世界史で果たした役割は違っても、本質的に共通する側面を持っています。

古い因襲や封建倫理をいち早く脱して、伝統的権威に冷静な視線で正面から向かい合い、形骸化した権威への内面的な反骨精神、したたかなに打算する功利精神、これら新しい時代を準備し、新しい生き方を用意することになった実学的知性や常に創造的な価値に挑《いど》む意欲的な態度など、イギリス貴族の家来《けらい》に発祥したジェントリー層と土佐藩に追われ新しい働き口として誕生した郷士たちの流れの中に共通点を読み取ることができます。

7　土佐の「永代小作権」が生んだ実質的な市民革命

「永代小作権」が庶民の間に広がることで、少しずつ行きわたる「資本と労働の分離」、お互いの自由を尊重した「平和的な相互関係」を大事に考える「対等主義」、そして土佐の民衆が目覚め始めた「貨幣の力強い運動性」、江戸時代にあってこのような革新的ともいえる「近代性」は、旧長宗我部サムライに始まる郷士たちやその後参入してくる自由郷士たち、さらに「永代小作権」にかかわる周辺の人々によって少しずつ広がりをみせ、土佐全体に行き渡ってゆきました。

誰でも、「加地子米収得権」さえ買い取ればいつでも地主の立場を手に入れることができ、「永代小作権」を買い取れば思い通りに耕作ができたのです。権利が自由に売買できたことで、自作農の増加と土地の流動化を土佐全域に加速させ、まるで「農地改革」と同じ効果を発揮することになりました。

文字教育の遅れた下層の農民や庶民たちにとっても、「損か得か」という日常の生活を通して

「自由」と「権利」の概念が実学的に啓蒙《けいもう》され、実質の利得が理性で認識され、体験によって検証されながら、「権利の主張と責任の弁明」という近代民主主義の新しい風を全国諸藩に先がけ、土佐の民衆たちにいち早く用意することになりました。

郷士たちの新田開発は、生産石高で計算して上限250石以下という開発面積の制限があったため、区切られた土地が多く、そのため他県と違って現在でも高知県には広大な田畑を持つ大地主は少ないのです。これは「永代小作権」や「加地子米収得権」の私的売買を通して、専制君主がそれまで独占していた農地が結果的にほぼ公平に近い形で均等配分され、富の社会配分が現実に成功していたことを物語っており、突出した地主の出現を許さなかったことにつながりました。

フランスで起こった大地主やブルジョア富裕層が深く関与した革命の動きとは違い、零細な小農民たちがいち早く主体となって参加した実質的な土地の高度利用が、土佐でははるかに早く進んでいたのです。

そして、フランスにおける特定の大地主やブルジョア富裕層が実質的な原動力となってあくまで限られた人々だけへの富の分配を求めた動きではなく、土佐では政治史に隠れた名もなき庶民たちが村落共同体という「土地と身分が固定化」され閉ざされた社会構造から解放され「私的な個人」へ変貌《へんぼう》することで、圧倒的多数を占める下層の一般大衆が時代を推進する主体的な主人公となって近代性への移行が加速したのです。

人間の「生存権利」に対する意識に目覚めた「土地の解放」、つまり「永代小作権」や「加地子米収得権」の私的取引を通じた農地の国民への開放が、近世・江戸時代の約260年のあいだで土佐の風土の基層的な底辺にすっかり根をおろすまでに到達していたと言うことができます。

フランス市民革命では、土地を独占していた領主に戦士として立ち向かった小農業者が革命後、実質的に新興ブルジョアジーの大地主から1890年に「共同利用地」の回復宣言を勝ち取るまで、およそ100年の歳月を必要としました。それに比べ土佐では1700年代に零細な自作農のすみずみまで土地の「民主的な社会配分」「土地資源の有効活用」が浸透していたのです。

明治、大正、昭和に至る長い間、日本では全国至る所で小作争議と呼ばれる地主と小作人の間に「利害対立の激しい闘争」が起きています。この紛争は深刻な社会不安を招くまでに発展し、日本の大きな政治問題にまでなりました。しかし、土佐では小作人と地主の激しい利害の衝突はそれほど多く起きていません。その大きな理由に、地主も小作人も「お互いを尊重する」という考え方の輪郭が庶民の心にいかに広く浸透していたかという事実を暗黙のうちに語っていると言えます。

8　「幻の76万石」が語る土佐の経済力

われわれ多くの日本人は、第二次世界大戦の敗戦後、すなわち占領軍アメリカのダグラス・マッカーサーが日本に上陸し、その後はじめて「自由に関する権利意識」、つまり民主主義化が進んだと思いがちです。しかし、連合軍に敗れる1945年より以前に、アメリカ合衆国がやっと「人間の自由」を宣言した1863年の奴隷解放よりはるか200年も前に、すでに土佐では「人間が幸せに生きる」とは何かを考え、一方だけに都合のよい自由ではなく、貧富の格差や人種を差別することなく、人間はお互い「自由、対等」であり「喜びや哀しみを等しく分け合い、相互に依存する」という、実質的な人類史観に立った「自由の尊厳」にかかわる体系をすでに完結させていました。

郷士出身の坂本龍馬や岩崎弥太郎などが日本の政治には見向きもせず、なぜ経済で世界を相手にする方向に翼《つばさ》を広げたのか、これを理解するには日本全国の社会通史とは違う歴史観を必要とします。

土佐には、新田の開発特権をおよそ200年間ほぼ独占した経済郷士の特異な存在がありました。経済力で台頭した郷士層が革新の丘に立ち、田畑を耕す零細な小農民や、さらに商人、町人を含む多くの一般大衆が主体となった実質的な「無血市民革命」によって、地平線上にいち早く姿を現わした「新しい民衆たちの登場」は日本史の中で間違いなく起きた特異な事実なのでした。

なぜそのような特異な状況が地方に生まれることになったのか。土佐は一般的に「石高24万石」と言われています。しかし平尾道雄をはじめ松山秀美、宮地仁、橋詰延寿の各氏4名で書かれた『高知県農地改革史』(高知県農地改革史編纂委員会　1952年)は、その中で山内一豊が土佐に入国して野中兼山が郷士制度を始める頃から、すでに土佐は石高50万石あったことを142頁で述べています。著書が指摘するように、新田開発に着手する以前すでに土佐は石高50万石あったなら、土佐は24万石と言われているのに、いったい残る26万石は誰がふところに入れたのでしょうか。

土佐には長宗我部時代から正確な意味での「石盛り」の存在が確認されていません。新田開発が進むと、江戸時代後期には土佐の農耕面積はおよそ2倍に増えています。もしすでに50万石あったなら、江戸後期には単純に100万石の生産高があったことになります。これは誰も語っていない地方史における大いなる神秘と言えるでしょう。

郷士層の勢力拡大と、いまだ謎といわれる野中兼山の失脚は、このことと無関係どころか、実は大いに関係があったと考えられます。そもそも「郷士取立制」を立案した野中兼山は、殖産興業の育成と専売業の権益について側面的に郷士たちを応援しました。実際に、新田開発に必要な資金も「藩庫」の借銀融資(助成金融資)で援助しています。近世期の土佐で、結果的に一番甘い汁を吸ったのは間違いなく郷士たちだったと思われます。

しかし、いい思いをしたのは郷士たちだけではありませんでした。驚くほどに安い小作料と「永代小作権」や「加地子米収得権」などの私的売買で恩恵を受けた人たちは、永代小作人やその家族をはじめ、その他多くの農業周辺関係者であり、さらに言うなら、宝暦13年（1763）以降、ほぼ自由参加になったのを契機《けいき》に新田開発に乗り出した町人や商人も含め、これら国を構成する約80％以上の一般大衆を含むすべての土佐の民衆たちだったと言うことができます。

そもそも正式な表《おもて》の帳簿《ちょうぼ》に出ていない「幻《まぼろし》の石高」が、結果的に広く社会に再分配された可能性があります。26万石の誤差、いや実際は江戸後期には76万石の大きな誤差、この隠された事実が、フランス革命やリンカーンの奴隷解放より、世界史上もっとも早く、「無血自由と土地」が一般大衆に向かって解放され、一滴の血も流さず、人類史上で例のない奇妙な「市民革命」が土佐で進行した証《あかし》になります。

暗黙のうちに我々に語りかける「幻の石高76万石」、その存在そのものが、物語の進行役をつとめ、秘密のすべてを語ることができる最大のストーリー・テラーであると言えます。

七、土佐で生まれた「分割所有権」の思想は今も民法の中に生きている

1　「永代小作権」廃止の法令公布

坂本龍馬の船中八策から「五箇条の御誓文」、そして明治新政府樹立へと時代は進み、徳川

幕府のもとに全国約330の諸藩が独自に行っていた政治権力はすべて明治新政府に集権化されました。これに伴い、これまで「米」で年貢(税金)を納めていた制度は廃止され、現金で納税するやり方に変わります。日本歴史上の大きな政策転換といえる有名な「地租改正」です。

政府は現金での徴税に変えるため、農地の所有権者を決め、正確な全国の土地台帳を作る準備にとりかかります。このとき、小作料を受け取る人間が正当な土地の所有権者であると考え、あくまで名義上の地主に土地の地券状(所有権を証明する書面)を発行しようとしたのです。このとき、高知県で大騒ぎが持ち上がることになります。

土佐では江戸時代から、農地における名義上の地主は「底地持ち《そこじ》」と呼ばれ形式的な立場が多く、慣習として公租公課の税金なども実際は永代小作人が負担してきた経過があります。永代小作人は「上土持ち《うわっち》」として、「農地を永久にわたって絶対的に支配できる権利」を持ち、むしろ地主より農地に対して強い権限を持ち、実質的な地主に近かったのです。つまり、一つの土地に二人の所有者が存在する複雑な「分割所有」、または「二重所有」の実情になっていました。

このような奇習が桁外《けた》れに多く存在していたのは土佐だけだったのですが、明治新政府はこの慣習について詳しく知るはずもなく、さらに困ったことに、支払われた小作料を逆算して土地全体の評価額を割り出し、それを基準に徴収すべき納税金額を決めてしまったのです。そうすると、もともと土佐では「永代小作権」が設定された農地は、地主に支払う小作料(加地子米)が土佐藩直轄農地であった「本田」のおよそ二分の一くらいと極端に低かったので、同じ形状の農地でも「永代小作権」が設定された土地と、そうでない土地とで支払う納税額に大きな差が生まれ不公平が生じることになってしまいます。

この明治政府のやり方に不満が続出し、高知県では「地租改正」をきっかけに、ほとんど混乱に近い状態に陥《おちい》りました。当時の岩崎県令(県知事)は紛争の拡大を防ぐため明治政府の木戸内務卿や大隈大蔵卿と協議するのですが、問題は紛糾《ふんきゅう》し、騒ぎは大きくなる一方でした。

そして、とうとう明治31年（1898）、土佐人の不満は爆発します。この年、明治政府は突然、50年間を限度満期として「永代小作権」を廃止するという法令「民法施行法第47条第2項」を正式に公布したのです。慣習法として土佐人に支持されて続けてきた「永久にわたる小作権」、いわゆる「永代小作権」はその存続を許さず、民法施行の明治31年（1898）7月16日から50年後の満了日、つまり明治81年7月15日に廃止すると決められたのです。

もしも廃止となれば今までの投資は無駄になってしまいます。「永代小作権」の契約書は紙切れ同然、価値のないものになってしまい、現実にこの日以降、「永代小作権」の取引相場は暴落し始めました。

これは、とても土佐人が納得できるものではありません。明治政府と土佐人は真っ向から対立することになります。

2　廃止反対に立ち上がる人々

「永代小作権」の廃止を決定した「民法施行法第47条第2項」は、土佐で生まれ、歴史的に引き継がれてきた「自由、対等」を尊重する風土精神をまったく無視することになり、土佐人の「ものの見方や考え方」が根底から否定されることを意味しました。地方の権力を中央に集権化し、強大となった明治政府は土佐で脈々と引き継がれた伝統的な精神文化や民衆たちが主体となって形成してきた地方風土の伝統的価値まで、まるで意味のないように飲み込もうとしていたのです。

土佐人の基層的なメンタリティー（精神性）として、お互いの自由を尊重し、「喜びと悲しみ」

を等《ひと》しく分け合い、対等な関係で機能し合う公平の原理を大事に考え、強い立場も弱い立場もあえて積極的に作らないというものがありました。相手がどんな権力者でも、たとえ土佐藩であろうが明治政府であろうが、決して覇権に屈せず、あくまで自分の信念を貫き通そうとする土佐の反骨精神は図太い骨格でできていたのです。

ここで、反骨の意地がムクムクと頭を持ち上げた土佐の「豪傑」、松尾富功禄《ほくろく》(1863〜1930)と弘瀬重正《しげまさ》(1860〜1922)の二人が立ち上がります。

松尾は現在の香美市土佐山田町の出身で山田の町長を約30年間務め、その後郡県会議員を経て県会議長を歴任したのち高知市長を務めますが、日露戦争直後には大規模な水路工事を完成させ約100町歩(1町＝3、000坪)の荒地を美田に変えたことでも有名で、高知県下でも屈指《くっし》の農事功労者でありました。山田町はもともと香長平野の北端に位置し、江戸時代に野中兼山が最初に開墾《かいこん》を始めた鏡野《かがみの》の中央にあたり、高知県でも有数の永代小作地が多いことで知られています。

一方、弘瀬は土佐郡潮江村(現在の高知市)の出身で、一度決めたら一歩もひかない不屈の政治家でした。潮江村村長を務め、地元では多くの人望を得た徳望家《とくぼうか》としての評判も高く、小作農民に深い理解を示した自由民権家として知られています。初期議会のころから、自由党系の政党を支える運動をおこなう地方政治家で、小作労働に汗を流す人々を擁護《ようご》し、これにかかわる多くの政治運動に取り組みました。

二人は、土佐で脈々と生きつづけた権力に抵抗する反骨的な精神の典型的な人たちでした。

3　「永代小作権」の存続を勝ち取る

「永代小作権」をはさんで、絶大な国家権力を持つ明治政府を相手に土佐人が激突する構図になりました。

永代小作人たちは、古き江戸時代から地主に代わって公租公課の税金を応分に負担してきた長い実績と伝統がありました。明治元年（1868）の会津戦争の戦費調達のときにも、土佐藩は行政による公法上の布達令として、納税額は地主が4歩、永代小作人は6歩とするように通達発布しました。この納税は決して善意のあたたかい寄付などではなく、統治権限者である行政当局が法的根拠にもとづいて永代小作人を「納税義務者」として、つまり単なる賃借人ではなく実質的な土地所有権者として扱ってきたという事実を証明するものです。

また、土佐藩主の山内侯爵は明治30年（1897）に高知県道路敷地の政府による用地買収のとき、土地売却代金を3割は自分が地主として収得し、7割を永代小作人に分配しています。[※21]土佐の社会総意では「永代小作権」は単なる借地ではなく、まさに正当な「分割所有権」であり、ローマ法やゲルマン法上の解釈においても「物権」としての公法上における所有権と同種だったのです。

土佐人は明治政府に強く訴えます。「永代小作権」は土佐の歴史風土で育まれ、一般大衆の積極的な社会参加によって完結した民意総意の法秩序であり、ほとんどの近代国家が採用し、かつ尊重している侵《おか》しがたい「慣習法」として認められるべきである、と。その声はしだいに大きくなり、猛烈な政治活動となっていきました。書面上の契約だけでも、土佐のおよそ半分以上の小作地に設定された「永代小作権」の利害関係者は膨大と言わざるを得ず、不満はますます激しくなり、もはや地方の紛争として高知県だけの力では手がつけられない騒然とした状態になります。

立ち上がった松尾富功禄、弘瀬重正の二人は明治31年（1898）9月上旬、高知市下知地区の多賀教会事務所(現在の高知市宝永町・多賀神社)で、長宗我部一族の家系を継ぐ者など合計約50人が参加し、松尾を会長、弘瀬を副会長に選び「高知県永代小作権設定同盟会」を結成、香美郡、長岡郡、土佐郡など高知全県下で署名活動を展開します。※22

松尾と弘瀬は上京し、法曹界の権威であった土方寧三、梅謙次郎、富井政章らの法学者に意見を求めました。富井は、高知県だけの特殊な事情で民法典の体系に影響が出る法律改正などはできないと主張。一方、土方、梅の両者は、高知県の伝統的な慣習法として理解を示し、ほぼ同調する主張となり、法曹界も二つに分かれます。さらに、松尾、弘瀬は貴族院と衆議院の政治家幹部などに陳情を根気よくかさね、徹底抗戦の迫力で猛烈な説得と政界工作を展開しました。

これら松尾、弘瀬の活動のほとんどは自費で行われ、二人の情熱と迫力ある説得で、とうとう明治32年2月、「民法施行法第47条第3項」の修正案として「民法施行中追加法律案」を貴族院、衆議院の両院で通過せしめ、「永代小作権の消滅阻止」を勝ち取ったのでした。※23

近世260年間の長い風土と歴史の中で熟成した「自由の尊重」は、土佐風土の本質そのものであり、強大な権力に平気で立ち向かう「反骨の精神」は走り出したらもう止まることはありませんでした。

4　日本国も認めた「所有権」

一度は終息していた土佐の「永代小作権」の問題が、大正15年(1926)、200円未満の自作農家に対して地租(税金)を免除するという若槻内閣による地租条例改正案の提出をきっかけに、再びクローズアップすることになりました。

高知県の「永代小作地」は永代小作人が耕作し、公租公課の税金を今まで話し合いで負担してきた長い経過があり、地主に代わり全額を支払っていた例がほとんどだったのです。この条例改正は、今日までの過酷な税負担に少しでも報《むく》いるため、納税者に一定の税額を免除することが趣旨《しゅし》でした。しかしこのままでは、永代小作人は名義上の所有者ではないという理由で何の恩典も受けられず、実質的に納税義務を果たしてこなかった名目上の所有権者である地主だけが利得にあずかることになり、不条理を招くことになります。ここで高知県の永代小作権の特異性がまたも問題となり、波紋を広げる事態となったのです。

この頃になって、やっと一般社会や法曹界でも高知県における「永代小作権」の問題が正しく理解されるようになり、そもそも名目上の地主だけに「地券状」を発行した政府の失策が始まりではないかと法曹界でも大きな議論となり、世間からも非難の声が高まり、注目される社会問題となってゆきました。

そこで大蔵省税務監督局が本格的な調査を開始することになるのですが、このときまた立ち上がった人物がいました。長岡郡長岡村(現在の南国市)出身の、反骨の政治家で知られる大石大(1878〜1966)です。

彼は、実際に勤労の鍬《くわ》を大地に刻み、汗を流して耕作し、今日まで国土を保全しながら自助努力の労苦で営農に励んできた小作人たちの功績や立場を擁護《ようご》しました。土佐の「永代小作権」の有する慣習法としての法的妥当性や法源的正当性を説き、税制整理委員会に対して伝統的な慣習法として実体社会で機能しながら、高知県で歴史的に引き継がれてきた経過など情熱をもって説得し、「永代小作権」を名実ともに堂々たる「所有権」にするための運動に政治生命をかけて取り組んだのです。

その結果、大正15年(1926)、「法律第47号」として再び「永代小作権」に関する新しい法律が公布され、日本国政府に完全な「所有権」として認めさせるに至りました。「永代小作権」の設定当時から今日まで、地租(税金)を負担することをお互いが決め、それを実行してきた永代小作人はその土地の所有権者とみなす、とされたのでした。

これは、日本国政府の統一的なグローバリズム(Globalism)という覇権力に喰《く》らいつき、そのどてっ腹に強制変更という風穴をあけ、ローカリズム(Localism)という土着精神の勝利へみちびいた瞬間でもありました。さらに、日本民族の地方に発祥した誇り高い法律論が西洋列強国からそっくり輸入しただけの形式的な法律論のあり方に、一石を投じることになりました。大石は権威や権力に正面から対峙《たいじ》し、自分の信じる理念と情熱で自由に行動する「土佐精神」で、見事な輝きを放った人物列伝の一人と言えます。

その後も「永代小作権」を独立した所有権そのものとして、さらなる明文化の完璧をめざす大石の独立した所有権としての条文制定化運動は続き、昭和15年(１９４０)、第二次世界大戦勃発《ぼっぱつ》の前年まで、孤軍奮闘の努力が払われます。その後、世界政治の混迷と動乱期への突入による第二次世界大戦によって、条文制定化運動は中断を余儀なくされます。しかし、敗戦後の占領下で、公職追放、農地改革、労働の民主化など変革と紆余曲折《うよきょくせつ》を経て戦後復興を果たし今日にいたる中、土佐の「永代小作権」は光を放ち現在の民法大典に見事に残ったのです。

土佐における村落社会の古き人間群の原風景であった「喜びと悲しみを等しく分割して所有する」という「永代小作権」がみちびこうとした原理、すなわち、一国の圧倒的多数を構成する民衆の情熱が掲げた「人間宣言」は敗戦後の動乱を生きつづけたのです。

民法第二編　物権　第五章　民法　第二百七十二条　(原条文)

「永小作人ハ其権利ヲ他人ニ譲渡シ又ハ其ノ権利ノ存続期間内ニ於テ耕作若クハ牧畜ノ為メ

土地ヲ賃貸スルコトヲ得　但設定行為ヲ以テ之ヲ禁シタルトキハ此限ニ在ラス」

「小作人は、その権利を他人に譲渡し、またはその権利の存続期間において耕作もしくは牧畜のため、土地を賃貸することができる。ただし、売買や賃貸することを、前もって、地主と小作人がその行為を禁止するというお互いの合意で取り決めたときは、この限りではない」

新田開発による「永代小作権」と「加地子米収得権」の果たした日本史上の歴史的意義は、人間にとって幸せに生きる意味を正面から見つめ、異邦人の模倣ではなく、日本民族の一つの思想体系として「生命、財産、自由、対等」という人間の普遍的な権利を、覇権力と闘い守り続けようとする不屈の民衆を育て、「自由、対等」の精神性を永遠に続く心の旅人へのメッセージとして現在の民法272条に間違いなく刻《きざ》んだことにあります。

八、自由、対等、反骨の精神は今に引き継がれた

1　再軍備に反対した吉田茂

江戸時代の幕藩体制下にかかわらず、決して山内土佐藩の封建権力に一元化されない社会の成立、それは新しい勢力として、ひたすら経済力をつけ台頭してくる郷士たちによって引き起こされました。すなわち「封建性」と「近代性」という封建制度下における奇妙な二極構造

がありました。

「永代小作権」や「加地子米収得権」というあくまで独立した個人に属する「個人的な権利」の一人歩きによって、それまで固定されていた村落共同体や古い制約環境から解放され始めた「新しい動き」、それは長宗我部系の郷士たちやその周辺だけにとどまらず、宝暦年間以降における新田開発での一般庶民の自由参加によって、「永代小作権」や「加地子米収得権」は以前に増し一層さかんに売買されました。

ふくれあがる大衆の大きな塊《かたまり》が、自由への解放と新時代への変容を加速させてゆくことになります。もはや、土佐藩という弱腰政府の非完結的な構造や「弱い者を喰いものにしようとする」形骸化した古い制度から、「自由、対等」「権力への反骨精神」を正面に高くかかげた自由なる群像たちが生まれ、新しい未知へ向かうことになりました。

これら近世・江戸時代から引き継がれた思想的な潮流は、やがて敗戦後の吉田茂総理大臣にも引き継がれ、組織権力による暴走の悪夢を防ぐ再軍備反対の思想につながり、覇権力に堂々と反骨する「自由の尊厳」につながりました。

さらに土佐の民衆がかかげた庶民が幸せに生きてゆく権利、これはあくまで庶民を中心とした民生主義を優先する「小さな政府」につながり、権力の威圧に抵抗する反骨の岩盤に打ち立てられた強力な主張につながってゆきました。

アメリカ連合軍の権威であれ威嚇《いかく》であれ、一度決めたら一歩もひかない頑固な態度。それは、人間の自由を無視した戦場への強制ではなく、民衆の自由志願による今日の自衛隊や近代国家の中で唯一「覇権的な軍事力」を持たない「戦力なき軍隊」をみちびき、ソビエト共産国にそなえるためにアメリカのダレス国務長官が強力に迫った再軍備増強の要求も断固はねつけました。総理大臣吉田茂は未来の集団的防衛構想という知略の打算に裏打ちされたしたたかな知性で、マッカーサー元帥ら異邦人《いほうじん》たちと堂々と対等の立場で激しく対立しながら、現代につながる民生経済に特化した自由国家の基礎づくりにみちびいたのです。

明治政府による自由民権運動の激しい弾圧の中、民衆の自由なる権利を叫び、板垣退助と共に国家の偽装や納得のいかない覇権力、いわば「偽りの社会秩序」と闘い続けた竹内綱を実父に持つ吉田茂の骨格は、やはり関ケ原の戦い以降から土佐人に引き継がれてきた容認できない権力に心から抵抗する「土佐精神」というレジスタンス精神で貫かれていたと言えます。

近代をみちびいた商人郷士・坂本龍馬や多くの愉快な人物たちの創造性、経済の雄として三菱王国をつくり上げた岩崎弥太郎の群をぬく自由な精神性、これらをことごとく育《はぐく》んだ土佐に発祥した「自由、対等」の精神性は、戦後占領軍の将校たちの間で頑固親爺《がんこおやじ》(stubborn and obstinate)と呼ばれた吉田茂元総理大臣と共に再び日本の現代史に大きな顔を出し登場したのでした。

過ぎ行く時代の流れの中で、新しい未来に向かった明治創成期における日本国家の未来展望、そして無茶な覇権主義の後始末、戦後再建期における未来に向かった日本国家の概観、いずれもその原型はすでに近世土佐に普及した「自由の尊厳」の潮流の中に現れています。その意味で、「自由の尊重」をみちびいた母なる起源である「永代小作権」が理想とする哲学原理は、単に地方史に存在した一過性の思想的傾向にとどまらず、根源的に日本史の未来予想図を常に孕《はら》んでいたのでした。

日本史上の把握において、近世期における土佐の地方史は違った視点が求められる重要性がここにあります。

2 「いろは丸事件」に見る坂本龍馬

相争った「徳川幕府」と「官軍」でしたが、そもそもお互いが本来「自由で対等」という「永代小作権」の思想体系を誰にも分かりやすく行動して見せ雄弁に説明したのは、坂本龍馬でした。

慶應3年(1867)4月23日、土佐海援隊の「いろは丸」と紀州藩の汽船「明光丸」が衝突する事件が起きました。「いろは丸」は大きな損害を受け、土佐藩は補償を求めて交渉するのですが、紀州藩は徳川御三家であり、圧倒的に強い立場です。一方、土佐藩は地方の弱小大名で、交渉がうまく進みません。伝統的格式が違う江戸時代の階級社会では大きな格差があったのです。

しかし、悪いのは紀州藩であったため、いらだった土佐の海援隊員数人が紀州藩の人たちを切り殺しに行こうとします。龍馬はそれをなだめ、たとえ腰抜けと非難されても気にせず、あくまで事故として海難裁判という国際法の制度や仕組みを利用しようとします。損害賠償を争う裁判では、お互い対等に「法」の拘束力を受けるのです。

結局、「衝突事件」は8万3,000両の賠償金を紀州藩が支払うことで決着しますが、このときの龍馬の行動から、土佐の自由郷士たちが信条とした「永代小作権」の基本原理、つまり「強い立場で弱い者を圧倒しようとする」実力主義や覇権主義ではなく、お互い「自由、対等」というあくまで相手を尊重する考え方を、紀州藩に対して暗黙に強制している場面から垣間見ることができます。

たとえ意見や考えが違っても、いつも相手の立場に立って考える機能的な仕組みづくりに知性を向ける「永代小作権」の中心原理を、龍馬はさらに舞台を拡げ、誰にも分かるように実践してゆきます。

明治維新の夜明けには、最初に薩摩・長州に火をつけておき、そのあと武力衝突という内乱の大火事を消すため懸命に裏で徳川幕府に大政奉還を勧めます。すぐ横では先進列強国が、内乱というごちそうが提供してくれるおいしい利害の味を楽しみに待っています。このとき、龍馬は相手の存在を否定せず、お互い対等である日本人同士の流血を避け、結果的に大きな「社会的な富」を生み出す方向へ計画通り誘導していきます。この型破りに見える技巧的な龍馬のテクニック、これは権力への無言の反骨を続け、約200年以上にわたっておいしい味を吸いつくした郷士たちのように、山内土佐藩に対するしたたかに打算された巧妙な手口の一つであり、郷士の末裔《まつえい》である坂本龍馬は見事にその発想を引き継いでいたのです。


坂本龍馬は、後世に語るもったいぶった理論体系は残していません。特に博学知識の天才でもなければ、世界事情を研究した偉大な学者でもありません。むしろ手紙文でも教養の基本である「を」と「お」の助詞を取り違えたり、姉への手紙で自分の飾らない気持ちをダイレクトに綴《つづ》ったり、龍馬は表面をなぞっただけの平面的な学問より、相手から伝わる感動や言葉のアクセントから読み解き、虚飾や偽装を排除して、すべてありのままをそのままに受け取ろうとします。いわば単なる知識の完結で終わるのではなく、情報や知識がさらに発展して熟成される本当の知性(インテリジェンス)を備えていました。この創造性を生む知性が語る本音の言葉を学び、暗殺まで考えておきながら勝海舟の話を聞くなり態度を変え弟子に入るという、まるで固定的イデオロギーに支配されない「自由の尊厳」を大空に向かって発揮してゆきました。

結果が重要な経済分野で台頭し、近代合理主義の洗礼を受けた近世・土佐の郷士たち、この先輩郷士たちから間違いなく引き継いだと思われる「永代小作権」の精神性や、愉快な豪傑たちに共通するしたたかな打算を身につけ、他人の評価を気にせず我が道を自由に楽しく生き、単なる学識や権威にふりまわされることなく飾らない自然なふるまいで、より多くの人々に幸せをもたらす社会観を信条として努力する郷士の思想的傾向を坂本龍馬は分かりやすく説明しています。

3　一つの夢に賭けた後藤象二郎

「永代小作権」の中心軸であった「自由の尊厳」をベースに、誰もが努力しだいで金持ちになることができ、誰もが郷士株を買って郷士身分になれるという、実質的な「市民革命」がすでに進行していた土佐の国。その土佐の国では、郷士たちが繰り広げる活発な活動にみちびかれた自由な気風が、さらなる自由の大空へ向かいます。

国際法が確立している公海上での活躍を夢見た海援隊、これを率いる商人郷士・坂本龍馬は大きな自由市場を求め、民衆たちを主人公とする重商主義的国家をめざす総合商社・亀山社中の設立へと動きます。

その途上、坂本龍馬が京都で倒れると、そのあとを引き継ぐために土佐藩最後の家老・後藤象二郎が動きます。後藤象二郎は廃藩置県の公布の日、「個人的な判断」によって、土佐藩所有の公有財産である、汽船6隻、曳船2隻、庫船、帆船、脚船それぞれ1隻、合計11隻、それに土佐商会など龍馬のすべての活動成果を、地下人《じげにん》身分から這い上がる岩崎弥太郎個人に無償で与えました。その莫大な財産だけでなく、外債借金およそ30万両も一緒に無償で払い下げ、土佐の将来、貿易国・日本の未来を託《たく》したのです。この日、後藤象二郎によって国産方、勧業方の関係書類はすべて、高知の鏡川河原で焼き捨てられました。

ここに権力としたたかに闘いながら、自分に向けられる批判や制裁を気にしない解放された自由な生き方、近世後期にぞくぞく台頭した「新しい民衆たちの登場」という土佐の風土的精神の経済特集版を見ることができます。

のちに成立する三菱グループの起源は後藤象二郎の暴挙にあり、土佐一国の財産ほとんどを投資することでベンチャー企業・三菱が生まれたのです。少し言い換えると、庶民の年貢や公租公課で成り立つ土佐藩の公有財産が現在の三菱王国の設立資本のすべてであり、その設立趣旨は土佐の「自由精神」が基底となっているのです。その意味では、いわば土佐人全員が三菱の出資者であり株主である、と言うことができなくもありません。

後藤象二郎は、アメリカで長く暮らしたジョン万次郎から知った、入札で大統領を選ぶ話から、自由国家の実現に想いを馳《は》せました。そして、自由貿易によって庶民の民生を豊かにする重商主義的な方向に日本のあるべき姿を見て、土佐が自由な貿易立国をめざす未来の戦略図としてはっきり描いていました。つまり、坂本龍馬と愉快な豪傑たちと同じ方向の計画図を描いていたのです。

世界でも例が少ない一国の公共財を一つの夢に託すという後藤象二郎が選択した「愉快な暴挙」は、あたかもイギリスにおけるジェントリー層や中国江南デルタから飛翔した華僑のように、世界を視野に入れた「具体的な未来予想図」を頭に描いていたからこそ生まれたものだったと言えるでしょう。

おわりに

これまで、土佐の自由な生き方にかかわる「自由、対等」の由来について、江戸初期にはじまる「永代小作権」を中心に土佐の大衆が歩んだ自由への旅路を振り返ってきました。ここで誤解を恐れず言うならば、結局のところ明治に向かった土佐の国と薩摩・長州の国とは、象徴としての帝《みかど》のあり方はともかくとして、社会秩序の構築に必要な権威の求め方の現実において、つまり市民社会のあり方や理想の構造について、決定的に大きな違いがありました。

すでに土佐では他人から自分に向けられる名誉の拍手や非難の罵倒《ばとう》を気にせず自由に発想し、自分で決定し、自由に行動するという「権利と義務」を背景とした個人における自由な気風が存在し、「新しい個人」、いわばほぼ現代人に近い人々が定着しようとしていたのです。

もはや、花鳥風月の舟に生涯を浮かべ和歌を詠んだ公家衆も、たてがみをなびかせ馬上に武勇の人生を駆け抜けた武家たちも、はるか遠い歴史のかなたに百代の過客として旅立ち、長宗我部家も山内家もなく、土佐の地方史においては「覇権による権威」の時代は過ぎ去り、誰もが自由に生きることを夢見ることができ、個人の自由な生き方を堂々たる権利として主張することができる豊かな精神社会があったのです。

強大な覇権力を背景にし、神聖な権威と称して都合のよい理屈《りくつ》を並べ、手をかえ、品をかえ、社会的に弱い者を喰いものにしようとする世界観ではなく、土佐では人間を区別する社会格差や差別を脱し、お互いが平和的な相互依存の関係で誰もが幸せになれる仕組みが永遠にうまく機能するような、そんな世の中を理想とする考え方が庶民に浸透していました。すなわち、お互いが対等の立場で喜びや悲しみを共に分割して所有する市民社会が登場していたのです。

モンテスキューの『法の精神』(1748年)もルソーの『社会契約論』(1762年)もまだ世に生まれていない17世紀の中期以降にすでに土佐では「自由、対等」が現れていたのです。このような文化的な地域特性は、土佐の「永代小作権」がみちびいてきたと言うことができます。

お互いの自由を尊重しながら楽しく暮らそうとする土佐の風土的な特徴が強調される場面、たとえば皿鉢に盛られた寿司や魚という「富の分配」を身分や立場に関係なくみんなで囲み無礼講で酒を楽しむ飲酒天国、臆病な犬ほど吠えるが強い犬は決して吠えないという一つの権威のあり方に通じる闘犬、「上から決めた」権威による形式美である狩野派の絵師からいち早く抜け出て大衆の本音の心情に「意味」を発見する絵金の自由奔放《ほんぽう》な躍動美、自由な精神世界があればこそ生まれる創造的な世界観から昇華する漫画という空想領域に向かう精神資源の輩出、日本全国になくて土佐にだけ偏在する自由民権運動の高揚、これらの由来はすべて「永代小作権」が大衆の心に熟成した「自由、対等」の理想観がみちびいたものであると思います。生活に深く関係する農地のあり方や仕組みにかかわる慣習は、江戸時代に暮らした土佐の庶民の暮らしぶりや心理的周辺に影響しないわけがありません。

そもそも農耕のはじまりは「土地の発見」でした。それまでぼんやりながめていた博物誌の原野が「富の起源」に変わったころから、人類にとってやっかいな時代が始まります。強い者が弱い者を喰いものにする「覇権の誕生」、これは農耕をさかいにして始まりました。気楽に移動する自由な生き方をあきらめ、固定した場所で窮屈な定住を余儀なくされ、土地をめぐって争い、作為や規範をつくって人間に優劣や格差をつける社会の誕生、これを人類は「文明の発達」と呼びました。

輝く草原に境界をつくり、夕陽に染まる大地に国境を築き、山を越え海を渡り、1492年のコロンブスのアメリカ大陸発見以来、急速に先鋭化する大航海時代と呼ばれる約400年間にわたる植民地略奪の歴史から、「進歩や発展」のみの哲学は文化人類学的な悲しみや犠牲のうえに成り立つことを経験してきました。

いったい、他国と覇権を争い領土を侵略し、富の所有をめぐって争うこれまでの「所有権」の歴史から我々が学び取ったものは何なのでしょうか。

人類にとって永遠につづくであろう心の旅路、世界の知性がいまだ求めてやまない幸せな生き方について、土佐で発祥し、土佐で検証されたよろこびと悲しみの「分割所有論」は、我々に何かを語りかけているように思えます。

高度な情報社会の加速化によって、あらゆる分野において予想以上に世界のフラット化(平準化)は進み、もはや人類史観上からも新しい世界史の登場を迎えようとしています。世界に分布するあらゆる特徴のイデオロギー的な対立を離れ、現実にうまく機能する平和的な相互関係を模索するため、世界の知性はそろそろ新しい合意形成の準備と哲学の用意を迫られていると言わざるをえません。

これまで述べてきた、土佐に発祥して江戸時代約200年以上の検証と充分な吟味で成立し、質的に高く合意形成(qualified consensus)された「永代小作権」が暗示する内容は、未来の知性のあり方とその方向に貢献できる可能性を大きく秘めていると思います。

― 注　釈 ―

1）永小作権

本書で説明している永代小作権のことを高知県では、一般に永小作権、または、永小作《えいこさく》、古くは「永代宛り《えいだいあた》」、「盛り控え」などと呼び、永小作人を「上ワ土持ち」、その地主を「底土持ち」などと呼んだ。永小作人（永代小作人）の地主に対する関係は、普通の小作人とは違い、小作料（加地子）は豊作、凶作にかかわらず一定であり、特別に低い。永小作の権利について相続はもとより、譲渡することも可能で、また賃貸（又小作）して小作料（孫加地子）を収得できた。地主へ小作料を納める義務はあるものの、永小作の権利（永小作権）は事実上所有権に近く、公租公課なども永小作人（永代小作人）が直接負担するのが普通だった。

参考文献　『高知県百科事典』関田英里監修（高知新聞社　１９７６年）

明治31年の司法省の「永小作」に関する調査記録によると、高知県で約8、０００町歩の面積が確認され、大正15年に行われた大蔵省税務監督局の分布調査では、その存在が約7、５００町歩確認されている。その後減少したが、土佐の永小作権（永代小作権）に類似する全国の「永小作」の契約は、高知県を除いて日本全国で合計約2、５００町歩存在したが、これらのほとんどは地主に許可なく売買できず、また公然と転貸できなかった。つまり比較的長いだけの耕作権で、単純な賃借権に過ぎなかった。

「永小作権の全国分布と高知県との比較」
明治31年　高知県　約8、500町歩
大正15年　高知県　約7、500町歩
日本全国（高知県除く）　約2、500町歩

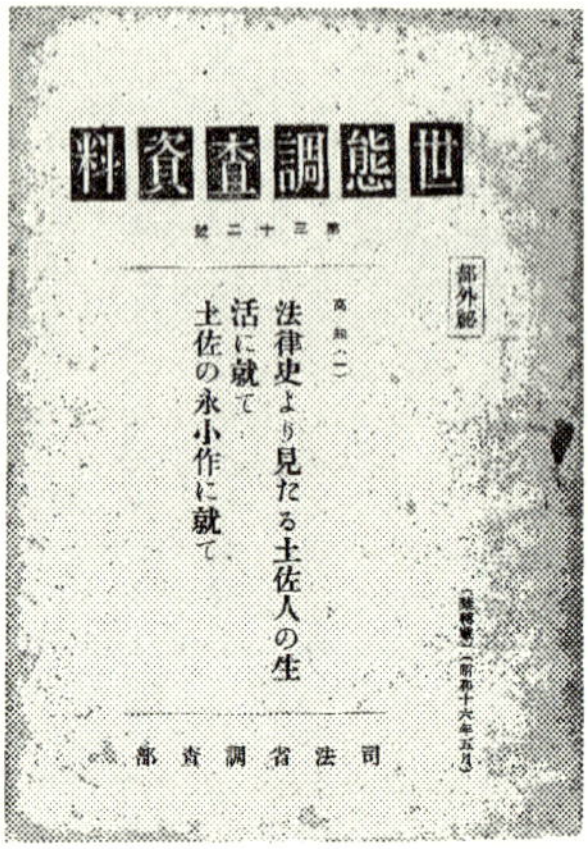

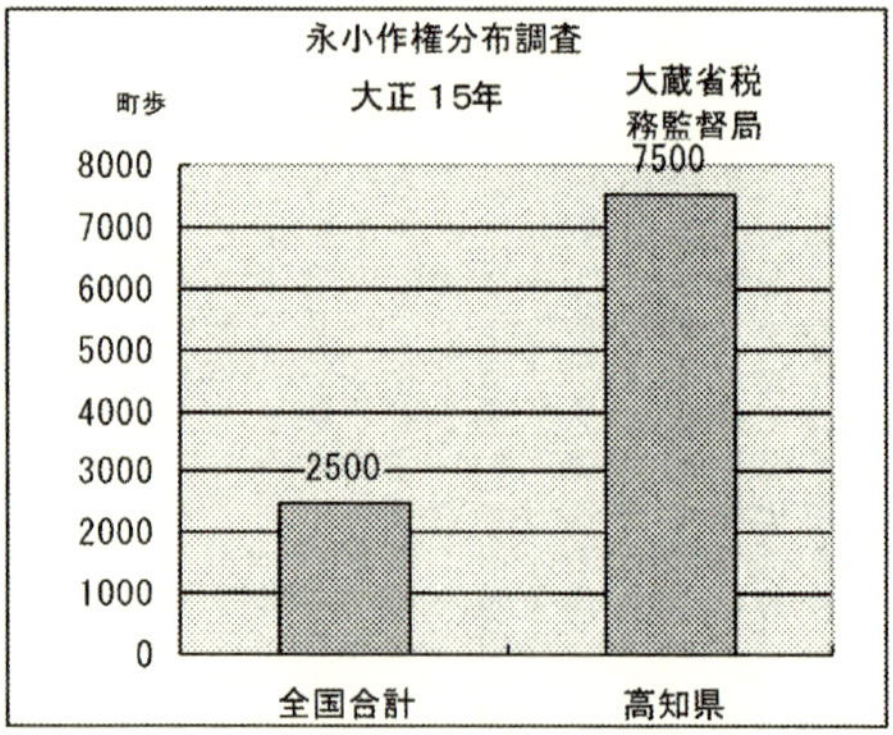

参考文献『世態調査資料第32号』「大蔵省税務監督局調査」高知地方裁判所同検事局司法省調査部　1941年

その意味で土佐に存在した「永小作」（永代小作権）は全国の「永小作」と本質的に違っていた。土佐の永小作（永代小作権）は、その後、明治、大正、昭和の紆余曲折を経て、さらに第二次世界大戦の敗戦後における農地改革で整理が進み、現在の民法第272条以降の永小作権に関する条文の存在につながっている。

「永小作」（永代小作権）が所有権かどうかについて考える時、「所有権」の理論に関して、川島武宜氏は著書『所有権法の理論』（川島武宜著作集 第7巻 154頁 岩波書店 1981年）に、所有権の商品性について、誰もが所有できるという所有権の主体における統一性、そして流通商品として

中身が変わらぬ客体としての統一性について論述がある。さらに同著343～348頁では、ゲルマン法の二重所有権、すなわち上級所有権と下級所有権について「利用」(Nuts)の概念を用い、現実的支配と観念的支配について触れている。

2)郷士

江戸時代、郷村在住武士と総称。城下町に住む家中武士に対する。藩士としての郷士、土豪などの旧家郷士、献金などによる取立て郷士などがあった。薩摩藩の外城家中、土佐藩の一領具足などは有名。薩摩藩の郷士は村役人を兼ね、村落支配のかなめとなっていた。江戸後期には献金郷士も各地に成立。城下士より低い身分とされていたが、生産に直結して富力をたくわえた者が多い。1872(明治5)年、太政官布告により士族身分を与えられた。

『日本史辞典』高柳光寿・竹内理三編(角川書店 1966年)

江戸時代の武士は城下町に居住することを原則としていたが、農村居住を原則としながら百姓ではなく、しかも武士的身分を与えられていた者が全国的に少なからず存在しており、これらを郷士と総称する。しかし、城下町に居住すべき正規の武士でありながら、一時的に郷村に居住している者、また大藩の陪臣で主人の知行地に住んでいる者などは郷士と言わない。郷士は正規の武士より一段低い身分ではあったが、農民よりは上位の身分で、領内支配のかなめとなる場合もあった。

郷士にはさまざまな種類があり類型化は容易ではないが、大きくは①旧族郷士、②取立郷士に分けられる。旧族郷士は、元来は正規の武士になるべきものが、近世初頭あるいは、その後になんらかの事情により郷士となったもので、薩摩藩の外城衆、土佐藩の郷士、津藩や近江甲賀郡の無足人、十津川郷士などが知られている。日向延岡藩の小侍・郷足軽もこれにあたる。取立郷士の種類はさまざまだが、多額の献金や新田開発などの功により郷士の格を与えられたものである。一藩内において旧族郷士と取立郷士が混在している場合も少なくない。薩摩藩や土佐藩の郷士は若干の給地(無年貢地)を受け、それに百姓(年貢地)を加えて農業を営み、かつ軍役を負担する者が多いが、こうした性格の郷士を基準型とすることができよう。このような郷士のほか、給地がごく少なく身分的にもあまり高いとは思われない者(延岡藩の小侍や郷足軽)、給地・給米のない者(無足人)、軍役を負担しない者(十津川郷士)など、その性格はさまざまである。

土佐藩における郷士の成立は、1600年(慶長5)新藩主山内氏入封時における、旧国主・長宗我部氏家臣団の積極的・消極的抵抗に端を発している。山内氏は彼らを懐柔するため1613年に長宗我部氏遺臣の中からいわゆる慶長郷士を登用した。その後、百人衆郷士、百人衆並郷士を取り立てた。これらはいずれも旧族郷士である。下って1763年(宝暦13)に幡多郷士、1822年(文政5)に仁井田・窪川郷士を取り立てたが、これらは新田開発による取立郷士である。また他譲郷士と言って、郷士身分を他から譲り受けるようなこともしだいに広まった。

日向延岡藩の小侍、郷足軽の起源は明らかではないが、1747年(延亨4)入封した内藤氏は前藩主牧野氏からこの制度を引き継いだ。この年、延岡藩には小侍49名・足軽93名がおり、各村に散在していた。彼らは藩境の番所の番人や藩の下級地方役人として活動した。彼らの給地は多くは1石程度であった。1872年(明治5)、太政官布告により郷士の多くは士族となった。

参考文献 『日本史大辞典』下中弘編集(平凡社 1993年)

『郷士制度の研究』小野武夫(大岡山書店 1925年)

〈土佐の後期郷士について〉

後期郷士と前期郷士との違いは、慶長郷士に代表されるように、郷士取り立ての基準はその家格、いわゆる名字帯刀が歴代許された秦氏遺臣中の名家の子孫や、秦氏の流れを汲むことを証明する書状等を形式要件としたが、「百人衆郷士」のように取り立てに対する申込数が多く、その後、郷士枠を増やし取り立てを行ったものもあった。いずれにしても、郷士としての領知は基本的に新田開発により自ら開扣(開墾)した土地で、その俸禄として知行権を与えることが原則であった。

しかし土佐藩においては、在郷土着にあって農業を営む又は地主を営む外形的には百姓でありながら、明確に士格を持った士分という分類に属するのである。自称郷士ではなく、藩に郷士職として召出された者であり、機能的集団の中で明確な機能を有する郷士が土佐における郷士である。しかし土佐藩の藩士は何らかの理由で解雇された時は直ちに「浪人」と称されるのに比べ、郷士職を解雇された場合は「地下人」と称されるなど、正規の武士と差異をつけている。現実的には土佐藩制度上では、郷士の列座格式などは譜代の藩士に準ずるもので、武士という点ではなんら変わるところがなく、郷士の職分俸禄は藩士の「家禄」に対して「領知」と呼び、耕作地からの収穫で一定の物成収納権を公法的観念から藩に公認されていた。一般の農民から見れば、藩士も郷士も公的権威の主体であり、その意味では郷士は確実に武士の範疇に入り、曖昧な土豪的な有力土民の存在ではない。

参考文献　松好貞夫「土佐藩の郷士制度と新田」(土佐史談第46号　１９３４年)

郷士の存在は、その軍備的、武闘的機能として土佐藩における存在根拠が明確にあった。徳川時代から明治の時代まで、東西約400㎞に及ぶ地形を有する土佐藩では、一貫して沿岸防備上に郷士の存在根拠は見出すことができる。郷士の農民的側面から見ると、「山野砂澤渾て不毛の地の開墾を許し、其地三拾石物成米九石開き得る時は、其功を賞し此に郷士と云ふ格を名けて領知」(『土佐國地方習慣手引草』)とあるように、郷士の俸禄は荒れた山野を自ら開墾し、その土地からの収穫の物成米であり、その根拠は藩から公認された開発所有地を三町歩に範囲とする物成収納権であり、比べて藩士の俸禄はあくまでも「本田」からの家禄であり、その財政根拠の相違は明確であった。郷士は開発した土地を「底地」と呼び、原則その土地からの生産米を独占でき、一部は公的収入、他の一部は私的収入であり、下請けさせる場合は小作料が徴収できた。

土佐藩の武士階級は、士格、準士格、軽格のおよそ三種類に分類でき、家老から留守居組末子までの譜代の武士が士格に相当し、與力、騎馬、郷士は武士に準ずる者として準士格とされ、軽格はおもに「用人類」のことであり、一段低い身分階層であることを意味した。百人衆郷士の制度が定着した正保2年(1645)頃からやがて「臣列八段の間」で藩主に謁見を許されるようになり、郷士身分は時代経過によって複雑だが、およそこの頃を境として実質的に郷士も準士格が正式に公認され、身分もほぼ固定されるようになったと考えられる。

郷士の起用については、まず初期郷士たちは民心動揺の緩和、授職用能、新田開発をその起用趣旨としたことに比べ、後期郷士の起用目的は荒地対策、管理保全、土地養生など緊急対策の要素が加わり、その起用条件は継続的に開発可能な実質的実力を有しているかどうかが重要な基準となり、血統や血筋の条件は廃止された。郷士株を買い受けた「他譲郷士」も増え、郷士層は多様化してくるが、幡多郷士や仁井田郷士のように荒地の緊急対策や管理保全に主眼が置かれ、住民の移住などの政策課題により発生する郷士など、江戸時代中期以降は初期郷士の優遇政策のような起用基準には見られない全く違った新しい考え方で郷士取り立て政策がおこなわれた。さらに、後期郷士たちの最も特徴といえる「加地子米の徴収権利の売買」が活発化し、初期郷士と質的に大きく違ってくる。

3）百人衆郷士

百人衆郷士とは藩政初期、他国に逃走した者もあったが、大部分は土佐にとどまり、地位と俸禄を失い、長我部遺臣たちは浪人化し山野に隠れた。反旗を翻す不穏な機会をうかがう者も多く、治安対策で社会問題化した。土佐藩奉行の野中兼山は、農地振興の灌漑工事を行い、土豪化した失業サムライたちを郷士職として積極的に取り立て、未開墾地の開発に起用した。正保元年（１６４４）、上水工事が完了すると、最初に野市地域で100人に限り「百人衆郷士」募集を行った。これより、他国への逃亡者や不平分子は減少した。

参考文献　小関豊吉「高知藩の郷士に就いて」（土佐史談第48号　１９３４年）

4）自由郷士

金銭の対価を支払って郷士身分を獲得する郷士のこと、他譲郷士と同じ意味。江戸時代の初期、正保元年（１６４４）に始まる野中兼山の「百人衆郷士」募集による本来の長宗我部家臣の血統だけに与えられた郷士職の身分であったが、その後時代の経過とともに、やがて郷士株の売買は広く行われるようになった。

5）加地子米収得権

加地子米（加治子米）とは近世・江戸時代において、おもに土佐や佐賀で使われた小作料を意味する言葉であり、加地子米収得権とは加地子米（小作料）を収得できる権利のことである。

近世に入り土佐藩では、経済事情の変化などにより土地の売買が避けられない状態となるが、矢野城楼氏は１９６６年に発表した論文（「元禄大定目『本田売買定』に関連する若干の考察」）の中で、土佐藩農業経済史に平尾道雄氏が引用された次の史料、宝暦９年（１７５９）9月1日　潮江

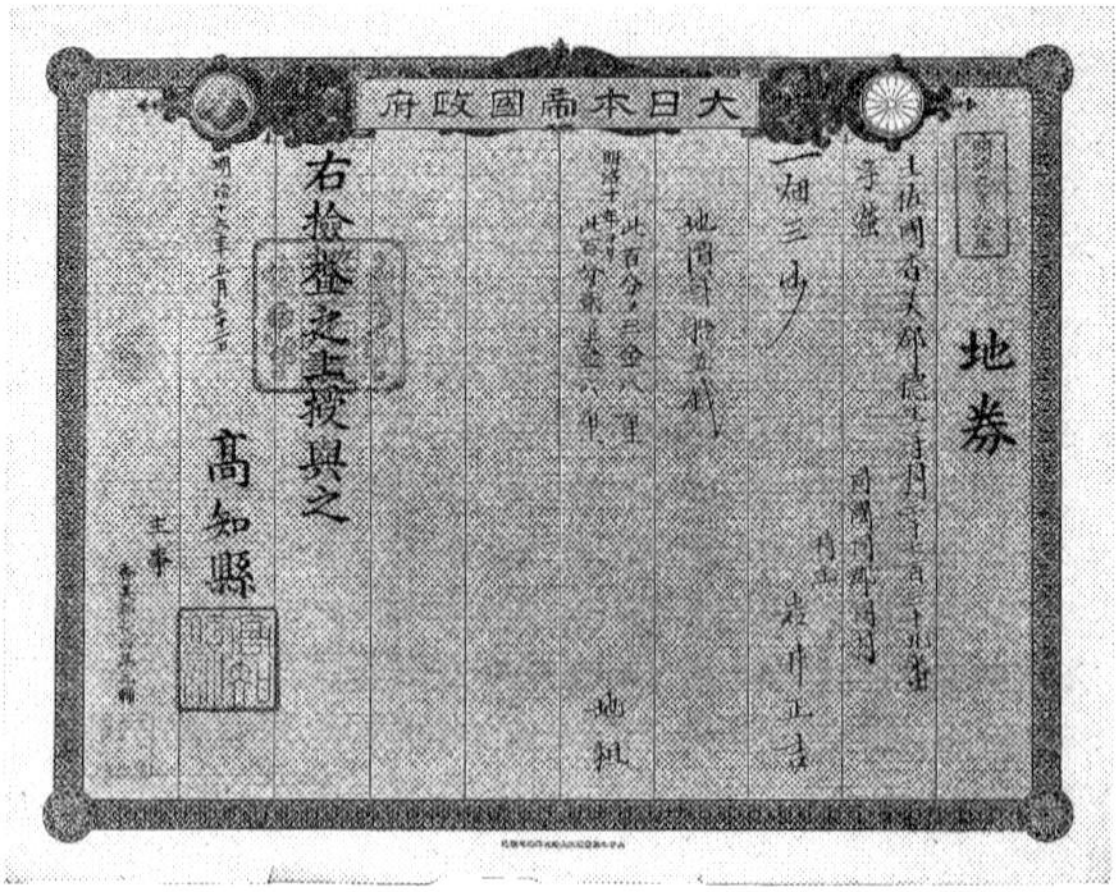

この地券状の発行をきっかけに、土佐の土地制度の特異性が表面化した。

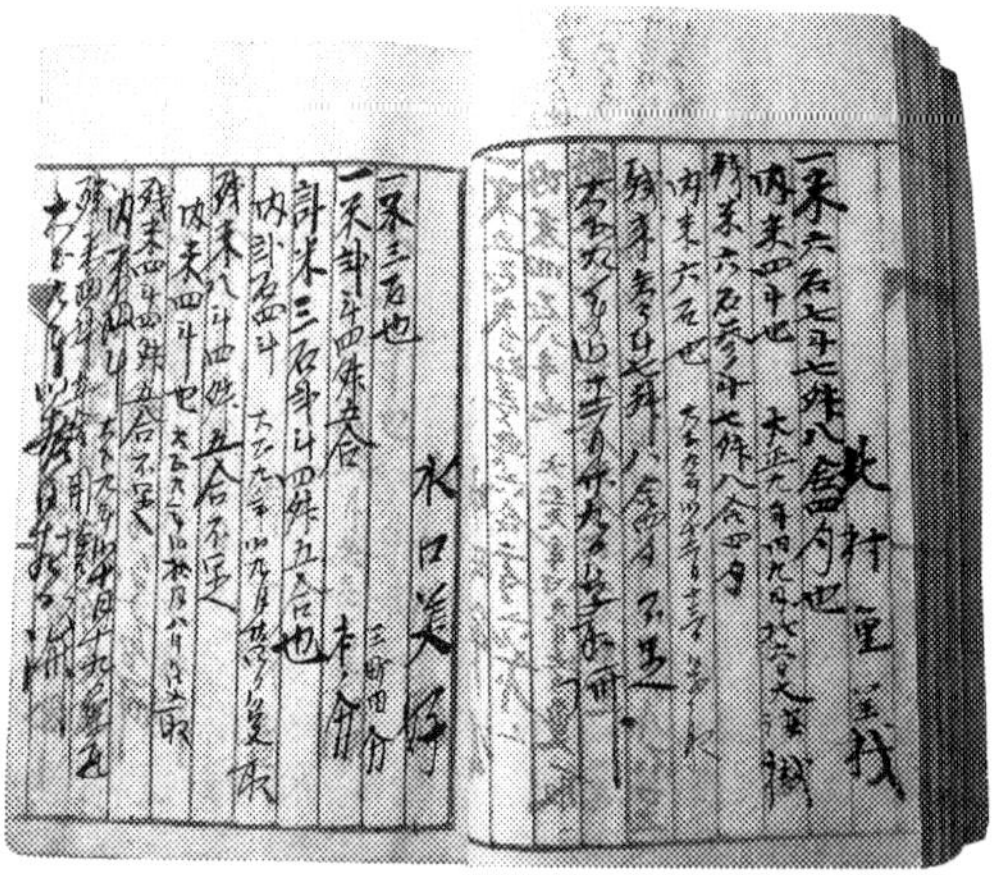

小作料(加地子米)の内訳として、小作人の氏名、土地の面積、年月日を記載した備忘録。

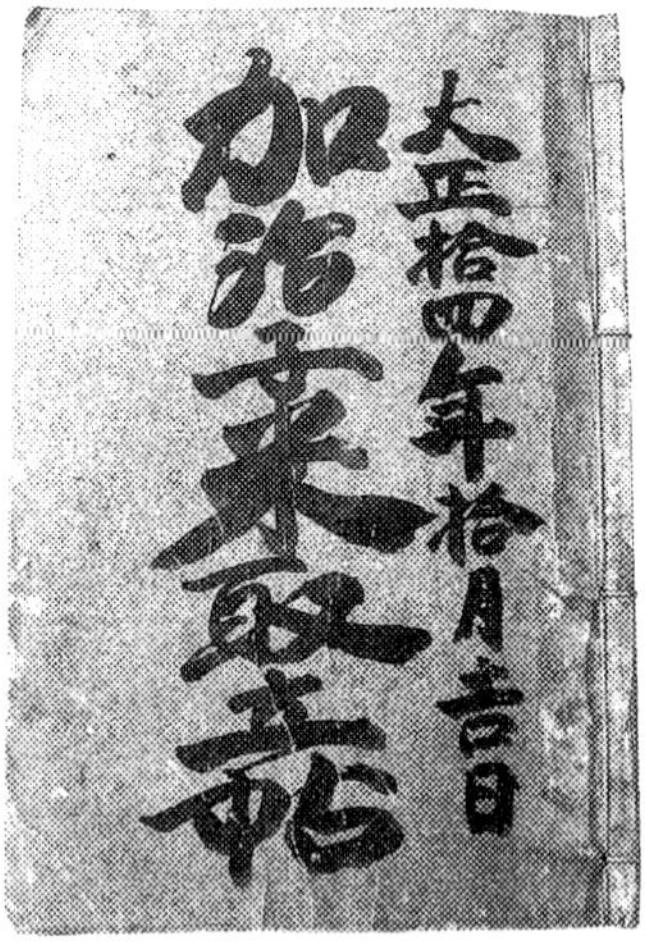

江戸時代から明治期、大正期、昭和初期まで、土佐では小作料を加地子米(加治子米)と呼び取り立てた。

村地下浪人土井与七郎の上書、「右御本田百性共夫々控来り申侯所、中興以来いつとなく右百性控之御本田悉く町人或は郷士、或は村々に居申勝手宜しき浪人・間人など百性より田地買取、右之者共控地と成り、本と百姓夫より漸く宛り地を仕作付け仕申に付、御貢人物米払、又地主へ加治子米と申て払申に付、右百姓之作徳鮮く迷惑仕、田地手入等も得々不仕候ニ付損毛申候。……向後御本田は百姓之外控申事屹度御法度被仰付、若爾来控え百姓不得止困窮等に及び、田地得作り不申候は々同し百姓へ売付け申様に御定目御立て候は々往古之通り百姓控に相成申に付……（後略）」。

この地下浪人の上書史料から、この頃すでに加地子米収得権を内容とした、むしろ土地や耕作権とは違った地主権の性格を実体財産の対象とする者が現れるに至った、と指摘している。土佐の場合、土地の売買や耕作権の売買、また「加地子米」を収得できる地主権など、これらを単なる「質入《しちい》れ」とし、その後で抵当流しを意識的に行った巧妙な売買なのか大変複雑になっている。しかし下層の庶民が処分できる財産的価値を手段として持っていたことは間違いなく、その意味では17～18世紀の世界史において、土佐の下層庶民たちは自助努力で実現できる「福祉」の手段をいち早く手に入れていたことになる。

矢野城楼氏は土佐の耕作権や加地子米収得権のあり方に関連して、同論文の14頁～17頁の中で中国やドイツで発生した「不動産質」との違いについて、土佐(高知県)の永代小作権の性格は、たとえ売買であれ、借銀(担保)の担保流れであっても、そもそも「質権」は、その占有を債権者に移転することを原則とするのであり、その意味では、農地を永代小作人が占有し続ける場合が多いのが土佐(高知県)の特徴である。したがって、純粋な質入担保とは判断し難いと述べている。

なお、江戸時代における所有権の把握について、渡辺洋三氏が、その著書『慣習的権利と所有権』(お茶の水書房　２００９年)15～31頁の中で、私法と公法の概念を用いて領主的所有と農民的所有の二重構造を指摘しながら、近世時代の具体的かつ事実的支配の体系として「ゲヴェール」の概念を強調しているのが注目される。

参考文献　矢野城楼「元禄大定目『本田売買定』に関連する若干の考察」（土佐史談第111号　１９６６年）

6）浦戸の戦い

『土佐国編年紀事略　下巻之十』34頁には、「同年同月晦日在々所々ニテ誅セラル、一揆共都合貮百七十三人ノ首浦戸南八畁町ノ末ニ梟首シ舩ヲ以大阪ニ献ス」とあり、一揆の犠牲者は273人と記載されている。また、同書37頁には「本山一揆」の記載がある。

当時の社会の混乱した様子について、『南路志』（武藤致和編　第5巻　巻四十八～巻五十二　長宗我部秦盛親公代　高知県立図書館　１９９３年）にも詳しい記載がある。

7）走り者

走り者とは農民が田地を放棄して他国へ逃走する者を意味し、年貢の確保に支障が発生することから、諸藩の領主はこの問題を最も警戒した。「御国替え」で混乱した当時の状況や土佐藩の「走り者」の研究資料としては、『近世日本農民経済史研究』（早稲田大学経済史学会編集・発行　254頁　１９５２年）に詳しい報告がある。さらに、体系的に検証した石躍胤央氏の研究「土佐藩初期の「走り者」について」（『徳島大学学芸紀要（社会科学）』第ＸⅡ巻　96～97頁　１９６２年）などがある。

8）野中兼山　（１６１５～１６６４　元和１～寛文３）

江戸初期の儒者。土佐藩の執政。山内良明の子。野中直継の養子。字は良継。南学派谷時中に朱子学を学ぶ。土佐藩山内氏の藩政確立に尽力し、新田開発・殖産興業・土木工事など各般に大功があったが、中傷により隠退とされている。

『日本史辞典』高柳光寿・竹内理三編(角川書店 1966年)

9)土佐精神

昭和時代、高知県尋常高等小学校で実際に使用された『本山読本』の教科書に出てくる「土佐精神」の一節には、英雄伝として長宗我部元親や坂本龍馬、板垣退助の名前がしばしば登場する。教科書の中で物語りとして、坂本龍馬が柔道師範・信田歌之助との試合で3回負けても、また4回目の勝負に挑戦しようとするその容易に屈しない「まけじ魂」を「土佐の精神文化」の理想として学校の授業で教えている。

土佐の「まけじ魂」とは、強い立場の者に向かって、負けてはなるものかという意気込みで相手に挑戦する固い意志のことで、権威や権力に屈しない一つの思想哲学を暗示している。自己確立した主体性の強調として、一種のレジスタンス思想につながる哲学観ともいえる。自分より弱い者をいじめたり、弱い立場の人間に冷たく対応することは人間としての品格を失する行為であり、そのような生き方を排除する考え方。これは土佐の精神文化の底に流れる風土的な価値観ともいえる。強い者に戦いを挑むことは、論理的には敗北に帰する可能性は常に高い。一見すると合理性を欠いた行動である。しかしここでは、あえて勇敢な行動として礼賛している。

これは西洋における英国のジェントリー層などに見られるジェントルマン(紳士)に通じる高貴なる精神性の意味を強調しており、権力や権威に対して盲目的に同調、あるいは追従するのではなく、明確な社会観や公益観を持ち、勇敢に行動することで尊敬を受ける理想像としての土佐人を「郷士民」と表現している。近世、近代、そして現代へと、土佐に根強く残る「権威や権力」による抑圧的な態度に対峙する内面的な抵抗は、世界史上のドイツ軍ナチス勢力に水面下で徹底的に抵抗したフランス国における一般庶民たちの誇り高いレジスタンス運動と関連して考えることができる。

参考文献　『本山読本 全』（本山尋常高等小學校編 13～135頁 1936年）

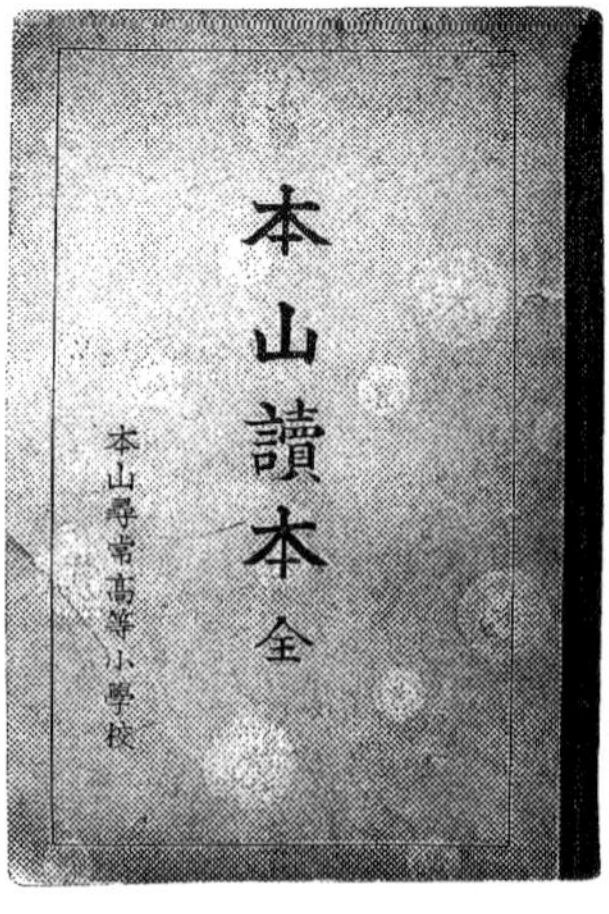

10）新田開発

新田という言葉の定義は複雑である。一般的には戦国時代以降の開発耕作地、厳密な意味では江戸時代の開発耕地。本田とは土佐藩直轄地で藩財政を支える蔵入地であり、また重要財源である。おもに土佐の場合は、公領の「本田」に対して「新田」という呼び方があり、新田は郷士が新たに開発申請して許可を得て開墾した田地を指す。全国どこに行っても新田という地名があるほど、新田は近世を通していたるところで開発された。

この新田について多くの科学がそれぞれの角度から研究してきた。中には詳細な新田研究もあるが、意識的か無意識的か、それをもって全国の新田の機能と意義をすべて規定している風潮傾向がある。近世に日本全国で開墾、開発された新田は、一つの新田類型で解明しつくすことができるような単純ものではない。村受、藩営新田、藩士知行新田、土豪の見立新田、町人請負新田などそれぞれの新田開発が近世で果たした役割は今日まであまりにも過小評価されてきたように思われる。幕府や諸藩において、この生活空間の拡げ方は全国各地によってさまざまの違いを見せていた。

参考文献　菊池利夫『新田開発』（至文堂 1966年）

土佐藩においても近世期に新田開発はさかんに行われたが、この当時全国に展開した新田開発と違う特徴は、郷士制度と新田開発が表裏一体で不可分の関係で展開し続けたという点にある。そもそも開墾新田そのものは、その量的な成立の起源は日本史上の荘園発生の頃までさかのぼるが、封建期の太閤検地帳に基づく諸藩の基礎的財政である江戸時代の「本田」と区別し、新しく開発された生活空間を一般的に「新田」と呼ぶことが多い。土佐藩において長宗我部氏の治世下、天正検地が行われ、財政基盤の基本とされた「本田」に関する原本は山内家に保存され、現在は高知県立図書館に残されている。

田地と食糧の関係から見ると田地の歴史は古く、日本法制の根本として孝徳天皇期の大化改新による根本規律であった大宝令では、田地面積の測定単位は1反《いったん》＝360坪であった。1反の10倍が1町《いっちょう》であり、1反とか1町の呼称は現在でも高知市の郊外や田舎の田畑、また山林の取引などでは一般慣行として民間人に使用されている。もともと大宝令では1坪は6尺四方と決められていた。この1坪の由来は、水田耕作による稲(籾)が1升生産されるとされ、さらにこの籾《もみ》1升を玄米に精米するとおよそ半分の5合《ごう》となる。近代以前、日本の食生活は1日2食で、朝2合半そして夕食2合半、合計5合の米を成人一人の食糧の定量として計算され、1人の人間の食糧1日分が1坪の面積単位である。1年を360日として1反を360坪として土地政策の基本とする、すなわち日本史上の1人扶持とは1日玄米5合の意味であり、10人扶持といえば1日玄米5升が役人仕官の俸禄の単位とされた。

天正15年(1587)、豊臣秀吉は政権強化を目的に、当時推定約3,000万石といわれた全国の戦国大名の財政実勢を検証するため、また一方では作為的増税を動機として全国にわたり太閤地検を行った。その時、土地の面積を大宝令以来の360坪を1反とした決め事を300坪に減少させ、一方、それまで1坪の6尺四方を6尺3寸四方に増やす巧妙な増税改革を実行した。実際は1反歩で約30坪少なくなるので、約3、000万石の1割である300万石の税金の自然増収になり、それらが大阪城聚楽や朝鮮征伐の財政根拠となった。その検地の実施において、6尺3寸四方が新しい1坪となるのであるが、計量側として当時「棹」が使用され「砂ずれ3寸」という現場測量において若干余分に加えることが許されていた。結果的に1坪が6尺6寸になることもあるなど現地測量の大雑把なやり方は、現地で棹持と称する人間がどんどん歩きながら棹を打っていくうちに、実際には7尺4寸四方近くになることもあり、この結果、現在我々が法務省・法務局で閲覧する公図(通称切り図とも呼ぶ)が実際の土地面積と大きく違っているのはこのような太閤検地のやり方に由来する。しかし太閤検地により日本全国の土地の面積がほぼ確定し、封建制度の家格が定められ、太閤検地は近世以後から戦後における昭和の農地改革に至り、日本の土地に関する重要な資料として評価できる。土佐における長宗我部時代の検地は約3年の歳月をかけ完成し、それまでの慣習であった貫高が石高に改変され、また田畝前の位置や所有者などが明確となり、貢租額の決定や税祖の正確な負担者の特定など藩政の財政基盤の資料に大いに貢献することになった。

参考文献 「土佐の永小作について」『世態調査資料第32号』(高知地方裁判所同検事局司法省調査部1941年)

なお、「南路誌」によると、この当時の検地結果では高知県下における郡別の集計では以下のようになっている。

郡名	地高(石)	村数
安芸郡	17、011	53
香美郡	27、368	66
長岡郡	14、674	48
土佐郡	18、690	39

吾川郡	18,000	41
高岡郡	45,088	75
幡多郡	51,792	141
合計	202,626	463

この時代の土地については、制度的に公領と名田があり、名田は官吏以外のいわゆる今日でいう民間人の開発した土地で、起源は荘園の発生に由来し、おおむね開墾した者の私有に属した。その個人の私的所有権は、応仁の乱あたりからの治世の混乱と統治の乱れで迷走することになるが、土佐では長宗我部氏の四国平定や戦国の長期戦火、朝鮮征伐の出兵などで農地は大いに荒廃した。

この当時およそ土地に対する土佐における一般的な所有の観念は、土地の現実的占有を所有の構成要件や根拠とする傾向が強く、統治機構が乱れた結果、必然的に現実の占有事実をもって所有の条件を満たすのであり、現代の所有概念とは微妙に違っていたことは容易に理解できる。しかし、長宗我部時代にはわずかではあるが、地租の貢を受容しているのをみると、今日でいう排他的で絶対的な所有権意識とは少し違っている。またこの当時、長宗我部氏直属の家臣には固く禁じた田地の売買や譲渡が民間人にはある程度容認され放任された傾向から、一般の民間人と家臣たちを峻別して扱う土地への所有態度は、物権的所有権、つまり領主であっても私的な個人が土地を完全支配するという絶対的所有権の意識は土佐では希薄であったとさえいえる。土地(底地)そのものよりむしろ土地からの収穫物を重要視する用益物権の価値が意識され、大宝令の時代から継続する土地に対する一次所有や二次所有という相対的所有と用益物権の価値意識が混在する複雑な所有概念であったと考えることができる。天正検地以後、一定の領域が確定したものが公領となり、名田以外の全ての土地がこれに含まれた。長宗我部氏は四国を武力で平定したが、勝利した四国の領地をそれぞれの領主に安堵したため、長宗我部譜代の家臣には忠孝の功労者に対する恩賞も増給できず、天正検地結果の石高が領主直属の耕地と家臣の俸禄を賄うすべてであった。

このことは単一土地税に財政基盤を依存する土佐にとって、その後の山内土佐藩の経済的な困窮は奇妙な郷士制などを併用した新田開発へと向かい、貨幣経済の浸透とともに港運を利用し、関東、関西へと材木、紙などの特産品の専売事業への傾斜を余儀なくされた。このような貨幣経済を意識した地場振興のあり方は結果的にさらなる貨幣経済への傾斜を深め、これが貨幣の運動性に目覚めた郷士たちの活躍に絶好の機会を与えることになり、郷士層の富裕化、新興郷士層たちの台頭へつながり、土佐の封建制度の崩壊を加速させる大きな要因となったと考えられる。

11)関田英里氏は1960年に発表した論文「新規郷士とその領知」(『高知大学学術研究報告』第9巻第10号 120～122頁 125～126頁)の中で、土佐勤王党という尊王攘夷運動に関して、その中心的役割を果たした大石家に早い時期から注目し、宝暦13年(1763)の幡多郷士募集に始まる大石弥市郎の家系を、数代にわたり体系的な追跡研究を丁寧に行っている。通説的な一領具足や抽象的な「郷士開基論」という曖昧な領域から脱し、明確な郷士像を実態社会の中で浮き彫りにしようとした意図が汲み取れる。土佐藩・家老職であった吉田東洋の暗殺に至る大石団蔵など、土佐の郷士たちが所有した哲学原理の背景を探る意味でも、また維新後における土佐(高知県)の自由民権運動の底流と、西洋模倣に終始する明治政府との対立や横たわる思想的断層に迫る意味でも、江戸中期以降の新規郷士たちの行動哲学の本質は重要な分野である。

その意味で、幕藩体制的土地領有体系＝Hierarchieから相対的に自由であった新規郷士の領地(新田農地)は、全国諸藩の所有原則と違っており、封建権力排除の思想的傾向、いわば「大衆の反逆」という文脈を、小作人（下層労働者）への安い小作料設定の中にいち早く読み取り、このあたりに潜む思想的本質を描き出そうとした関田英里氏の冷徹な学術視点は、世界史上において驚くべき早い「土佐の近代性」の発祥を示唆する上で重要な研究といえる。

12）福島成行　「家士の驕傲と郷士の確執（二）～（四）」（土佐史談第52号～54号　１９３５～１９３６年）

13）「法律史より見たる土佐人の生活に就いて」（『世態調査資料』第32号・司法省調査部　１９４１年５月）

14）高知県に存在する神社数　（１０、０００人当りの全国比較）（文化庁宗務課宗教法人室　認証資料　２００３年）

高知県は南側の海岸線に沿って延長短距離が約400キロメートルあり、ほぼ日本一長く、古来より季節風の台風上陸は庶民の暮らしに大きく影響をおよぼしたと考えられる。高知県全体が海との距離が短く、海洋気象の変化を受け、局地的に異常な現象が起きる小気候的な環境下にある。

なお高知県の災害記録に関しては、宝亀８年（７７８）から昭和41年（１９６６）８月25日までの天災状況を詳しく伝える資料として『高知県災害異誌』（高知県編　１９６６年　高知県立図書館所蔵）などがある。

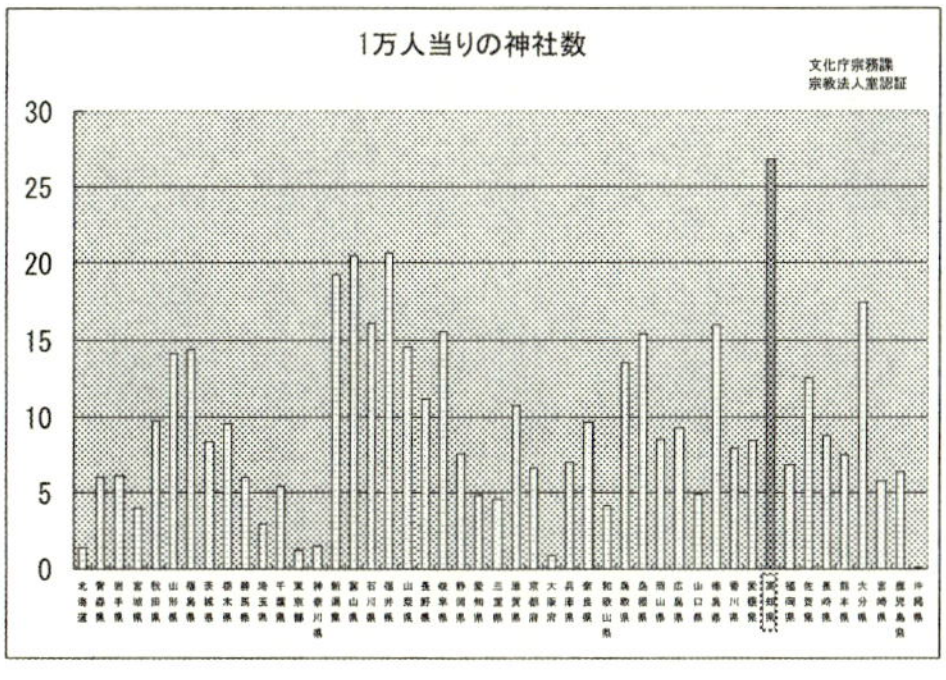

15)開墾永代小作権

開墾を契機に設定されるもので、圧倒的に多い。土地改良永代小作権とは、畑などを新たに水田に改良した時、その労資の貢献に報いるため設定されたもの。構造的には開墾永代小作権と同種といえる。分与永代小作権は、永代小作権を贈与された場合にそう呼ばれた。買受永代小作権は、積極的に対価を支払い買い取った場合に呼ばれた。留保永代小作権は、土地を譲渡したが永代小作権(耕作する権利)はそのまま留保している場合に呼ばれた。認定永代小作権は、藩法によって認められた場合や地方慣行によって認められた場合に呼ばれた。土地分け永代小作権は、従来からの小作人の病気や死亡に由来するが、地主の許可をもらい二番作人などに下請けさせ、そこで利益を出す場合そう呼ばれたが、中には地主に無断で下請けに出す悪質なものもあった。

領知永代売渡証文

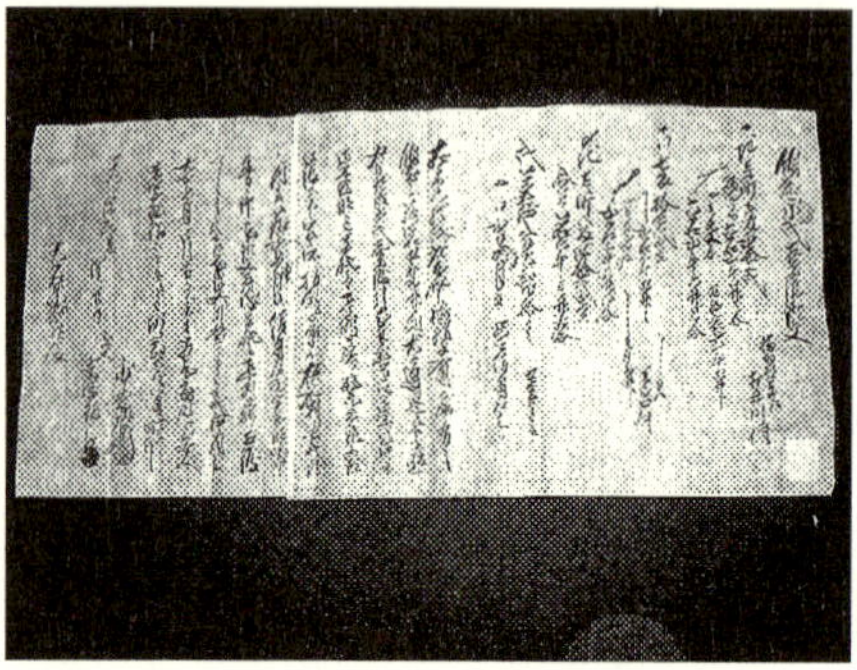

天保6年(1835)4月
売主・永山勝左衛門、買主・大石団四郎

新田作式永代売渡証文

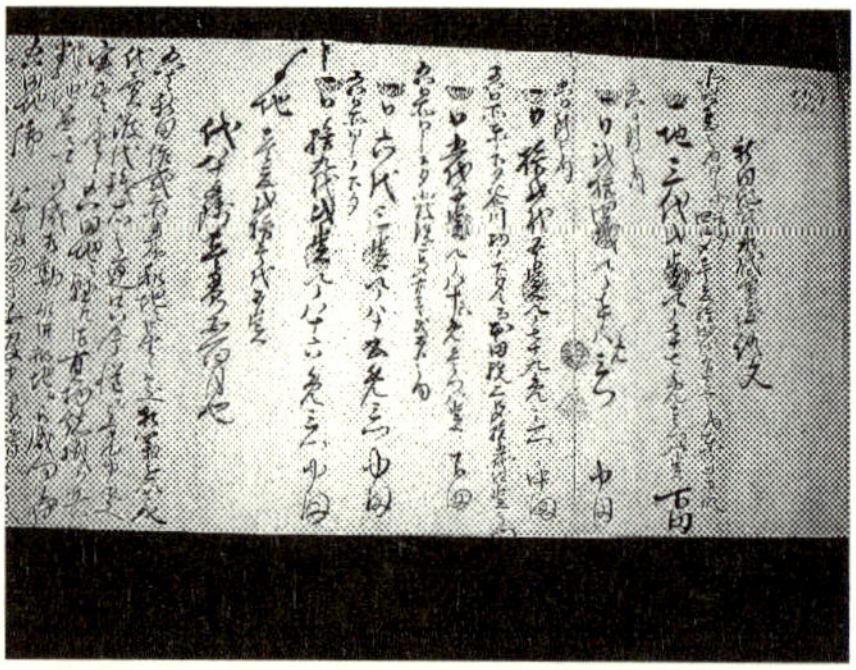

文政10年(1827) 12月
売主・和食村　恵左衛門、買主・五百人方　文次衛

16)安岡大六「郷士の経済的生活に関する資料」(土佐史談第88号・復刊第9号　1956年5月30日)

17)本庄栄治郎校訂・大蔵省編纂『大日本貨幣史』巻二十一(531頁　明治10年~11年刊　大日本貨幣史刊行会　1969年)

土佐藩が慶応元年に幕府の許可を得て発行した種類には、銀百目札　銀五拾目札　銀三拾匁札　銀貳拾五匁札　銀貳拾匁札　銀拾五匁札　銀拾匁札匁の7種類があった。

18)横川末吉「富山家文書」(『享保の土佐藩政・文部省史料館』土佐史談第112号　48頁　1965年)によると、土佐藩の借財に触れた記録の一部として以下のようになっている。

享保八卯年(一七一三)四月改正

土州様御用金御返済覚書

土州様御用金覚御証文之写

預申米前金之事

一　金子弐万両者但江戸小判也

右者松平土佐守就要用米為前金預申処実正也来年十二月迄之内国許出来米大阪指廻蔵本ニ而引渡売立右之金子無相違相渡可申候若右之米大阪江不指登候者何方之米ニ而茂御自分御望之通大坂江戸ニ而成共整相渡可申候為後日手形如件

宝永元申年(一七〇四)十一月朔日

井上半蔵

富山喜左衛門殿　　小南五郎右衛門

右之金弐万両前書之通相違有之間敷所也

同日

右金当十一月より元金百両ニ付一ケ月ニ利金壱両弐歩宛相定返
弁宛儀者来酉之秋土佐之国幡多郡之内中村地高三万石引分置此
物成米壱万弐千石有之候其余者家中侍共知行所務取集尽本利合
弐万三千七百十両急度皆済可申候若於不納者此度材木山明候間
売立銀を以何分無滞来酉暮限相渡可申候已上

同日　井上半蔵
小南五郎右衛門

富山家からの借金返済に苦しんだあげく、結局一部焦げ付くなど、土佐藩の困窮した財政状態に関連して、松好貞夫『土佐藩経済史研究』（日本評論社　１９７９年　48～49頁）に次のような記述があり、土佐藩の財政支出が急激な膨張を辿った様子が分かる。

「土佐藩の財政支出」

	「土佐藩支出現米」	「土佐藩支出銀」
寛文時代	現米支出四萬三千二百九十六石	支出銀一千八百四十四貫
寛政時代	現米支出七萬四千九十石（約１．７倍）	支出銀二千六百三十三貫（約１．４倍）
天保時代	現米支出十四萬一千六百八十九石（約３．３倍）	支出銀七千六十九貫（約３．９倍）

このような土佐藩の窮乏した財政状態に加え、幕府による御用金の要請はさらに土佐藩の台所事情を苦しめた。以下は、徳川幕府による土佐藩に対する主だった御用金の強制的な要請を年代順に掲げたものである。

「徳川幕府御用金要請」

慶長10年(1605)……江戸城石垣修繕
慶長12年(1607)……駿府城普請
慶長15年(1610)……尾州名古屋城普請
慶長19年(1614)……江戸城及木津城修築
元和元年(1615)……大阪玉造及城普請
元和6年(1620)……大阪城石垣修復
寛永2年(1625)……大阪城普請
承応3年(1654)……禁裏御普請

19)明和5年(1776)に組合規約として、11月25日に『郷士仲間之定』という規約をつくり、「此度御指上重被二候付、御家中御侍中、郷士諸奉公人之末々……(略)」の16条を定め、組織の年中行事の開催、土佐藩庁の布達処理(広報)、所属会員間の親睦などについて細則が決められた。

参考文献　安岡大六「郷士の経済的生活に関する資料」(土佐史談第88号 30~31頁 1956年)

20)民撰議会設立建白書

ロバート・ルークLuke S.Roberts　「土佐藩士今喜多作兵衛による藩政改革案—天明七年の自由

民権思想の一源流」（土佐史談第200号53～61頁　1996年刊行）

21）山内藩主が永代小作人に土地売却代金を分配した内訳を示す山内家文書（高知県立図書館所蔵）「山内侯爵ヨリ永小作權者ニ地代金ヲ分配セシ關係書類」には、以下の記述がみられる。

拜啓陳者本年八月五日付ヲ以テ御差出ノ道式買上代金分配ノ儀ハ七分金御渡可申事ニ相決シ候間實印携帶受取方御申出相成度此段及御通知ニ候也

但殘地ノ儀ハ契約書ヲ爲取替可申事ニ相決シ候ニ付委細ノ儀ハ御直話ニ讓置候此段申添候

明治三十年十一月十六日

山内家地所係　森脇惟一

關田悦次殿

（外三名宛）

22）高知縣永小作權請願書

明治31年9月、高知県高知市下知の多賀教会事務所で約50数名が参加し、松尾富功祿氏を会長に、弘瀬重正氏を副会長に選出し、「高知縣永小作權設定同盟会」が結成された。高知全県下で署名活動を行い、松尾氏、弘瀬氏が上京した時、高知県の総意に基づくものとして、政府に「永小作權請願書」が提出された。

その内容は、「永小作権」の契約存在が面積にして概算80,000万反に達しており、価格に換算すると800万円という大規模な問題であるということ、さらに永小作権者の用益処分や地目の変換が自由に行われてきた近世時代に由来する歴史的経過などについて、「永小作権」のその慣習法的扱いの妥当性を強調するものとなっていた。

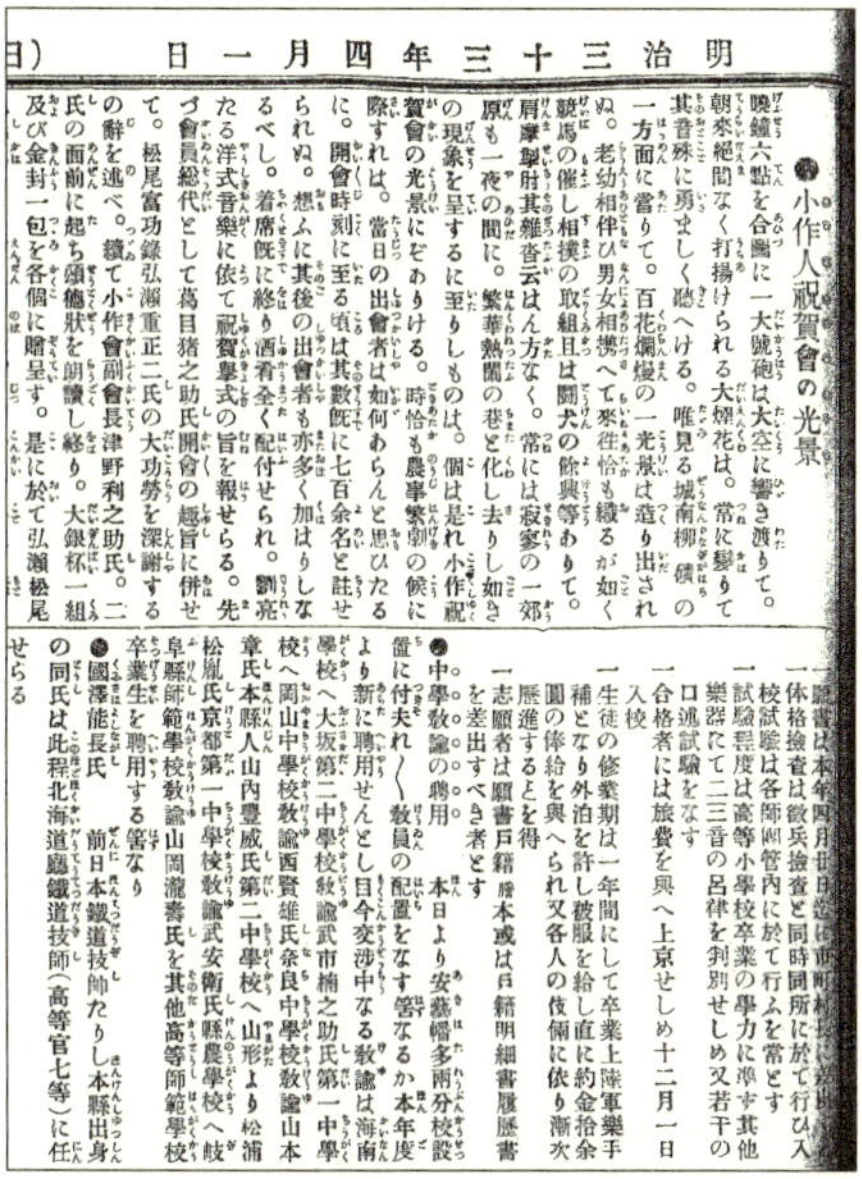

明治三十三年四月一日（日）

●小作人祝賀會の光景

暁鐘六點を合圖に一大號砲は大空に響き渡りて。朝來絶間なく打揚げらるる大煙花は。常に變りて其音殊に勇ましく聴へける。唯見る城南柳磧の一方面に當りて。百花爛熳の一光景は造り出されぬ。老幼相伴ひ男女相携へて來往恰も織るが如く競馬の催し相撲の取組且は闘犬の餘興等ありて。肩摩轂肘其雜沓云はん方なく。常には寂寥の一郊原も一夜の間に。繁華熱鬧の巷と化し去りし如きの現象を呈するに至りしものは。個は是れ小作祝賀會の光景にぞありける。時恰も農事繁劇の候に際すれば。當日の出會者は如何あらんと思ひたるに。開會時刻に至る頃は其數既に七百余名と註せられぬ。想ふに其後の出會者も亦多く加はりしなるべし。着席既に終り酒肴全く配付せられ。劉亮たる洋式音樂に依て祝賀舉式の旨を報せらる。先づ會員總代として蔦目猪之助氏開會の趣旨に併せて。松尾富功錄弘瀨重正二氏の大功勞を深謝するの辭を述べ。續て小作會副會長津野利之助氏。二氏の面前に起ち頌德狀を朗讀し終り。大銀杯一組及び金封一包を各個に贈呈す。是に於て弘瀨松尾

一願書は本年四月廿日迄に市町村[illegible]

一体格檢査は徴兵檢査と同時同所に於て行ひ入校試驗は各師團管内に於て行ふを常とす

一試驗程度は高等小學校卒業の學力に準ず其他樂器にて二三音の呂律を判別せしめ又若干の口述試驗をなす

一合格者には旅費を與へ上京せしめ十二月一日入校

一生徒の修業期は一年間にして卒業上陸軍樂手補となり外泊を許し被服を給し直に約金拾余圓の俸給を與へられ又各人の伎倆に依り漸次歴進するとを得

一志願者は願書戸籍謄本或は戸籍明細書履歴書を差出すべき者とす

●中學教諭の聘用　本日より安藝幡多兩分校設置に付夫れ〳〵教員の配置をなす筈なるか本年度より新に聘用せんとし目今交渉中なる教諭は海南學校へ大坂第二中學校教諭武市楠之助氏第一中學校へ岡山中學校教諭西賢雄氏奈良中學校教諭山本章氏本縣人山内豐威氏第二中學校へ山形より松浦松胤氏京都第一中學校教諭武安衛氏縣農學校へ岐阜縣師範學校教諭山岡瀧壽氏を其他高等師範學校卒業生を聘用する筈なり

●國澤能長氏　前日本鐵道技師たりし本縣出身の同氏は此程北海道廳鐵道技師（高等官七等）に[illegible]せらる

明治政府から「永代小作権」の消滅阻止を勝ち取った
祝賀会開催についての記事（明治33年４月１日　土陽新聞　旧高知新聞）

永代小作権の所有権運動に政治生命を賭けた大石大

永代小作権存続運動のため上京
明治政府と対立した松尾富功禄（左）と弘瀬重正

第1號から第10號にいたる書面では、具体的な契約内容の実例を示しながら、地租改正に伴う矛盾を指摘し、高知県における「永小作権」の存続を請願する趣旨の内容になっている。

（以下は『高知縣永小作権請願書』原文から一部抜粋）

「高知縣永小作權請願に對する參考書」

一　高知縣永小作權ハ一名ヲ盛控地ト稱シ通俗ニ永小作權者ヲ中地頭又ハ上地持ト謂ヒ地主ヲ底地持ト云フ

一　高知縣ノ土地ニ本田及新田ナル者アリ其性質及永小作權ノ起原ハ請願書ニアルヲ以テ略ス

一　高知縣永小作地現在高ハ概算八万反アリ而シテ其價格ハ實ニ八百万圓ノ巨額ナリ

一　永小作地ニ係ル諸税金ハ數年前迄小作人ニ對シ直接ニ徴税傳令書ヲ發布シ永小作人ノ名ヲ以テ納附ス其權利義務ニ屬スル地主トノ關係ハ請願書ニ明ラカナレハ略ス

一　永小作權賣却譲與等ノ契約證ニハ今日ニ在ッテハ一般ニ地主ノ證印ヲ受ケツヽアルモ舊藩時代ニ於テハ多クハ地主ノ證印ヲ要セス永小作人ニ於テ自由ニ賣却譲與ヲ決行セリ併シ今日ニ在ッテモ地主ハ正當ノ理由ナクシテ小作權ノ賣却譲與ヲ拒ムヲ得ス

一　永小作權者ハ元來其土地ノ處分權ヲ占有シ居タルヲ以テ地目ノ變換等小作人ノ自由ナリシモ當時ハ行政上ノ規定アルヲ以テ自然地主ノ同意ヲ得サルヘカラサルコトトナレリ

一　高知縣ノ永小作權ハ前諸項及請願書に縷陳セシカ如キモノニシテ土地其物ハ地主權設定ノ目的ニアラス地主ハ只タ加治子米ナル者ヲ收得スル一ツノ債權者ニシテ所有ノ實權ハ寧ロ永小作人ニ屬セシナリ

彼ノ明治初年地劵發行ノ際地價ヲ定ムルニ永小作地ニツイテハ土地ノ實價ニ依ラス地主ノ

收得ヲ標準トシテ之ヲ決定セシカ如キハ實ニ高知縣永小作ノ特色ヲ表證スルニ足ラン乎

（本項ノ事實ハ左記第九號書面ニ明ラカナリ）

一　明治三十年ニ在ッテ舊藩主山内侯爵所有ノ永小作權附ノ地所ヲ縣道敷地ニ收買セラレタル際侯爵ハ其地代價十分ノ三ヲ自ラ收得シ十分ノ七ヲ永小作人ニ分配シ尚ホ將來如何ナル場合モ其標準ニ依リ分配スヘキコトヲ豫約セリ

一　永小作地ニ對スル地主ト永小作人收益ノ割合凡ソ左ノ如シ米壹石六斗　是ハ永小作權附田一反ヲ他ニ賃貸スルモノトシ其賃貸米内　米三斗五升　是ハ右田地ニ係ル地租金及縣町村税ノ合計凡ソ三圓ト見積米一石ノ代價八圓六十錢ヲ以テ米ニ換算セシモノ差引米壹石貳斗五升殘高内　米五斗　地主收得ノ加治子米　米七斗五升　永小作人收得ノ中加治子米

即チ地主四分　小作六分トナル

一　永小作權ニ關スル諸般ノ契約書及參照書類ノ部ヲ示セハ左ノ如シ

（第一號）

田地永代賣渡證文　地主ノ證印ナキモノナリ但地組頭ノ奧書アリ

地組頭ハ即チ永小作人ノ一人ナリ

山田野地村濱道ノ西　西野地境ニ有之谷田竹五郎作式

一田六反三十六代壹歩　御本免五ッ四分

米二石四斗四舛八合加治子米

代錢六百目

右ハ私控地ニ候處御貢物未進方ニ差詰貴樣ヘ及相談ニ永代賣渡代錢右ノ通慥ニ受取御貢物方ヱ上納仕候處實正也然ル上ハ右地ニ掛ル御貢物不及申田役諸公用共貴樣ヨリ御勤被

成御勝手次第御支配可被成爲後日慥成受人相立殊ニ地組頭ノ奥書相受證文相渡置申上ハ子々孫々ニ至ル迄何等ノ故障無御座候依テ永代賣渡證文如件

文化七年寅十二月

西野地村賣渡人　伴右衞門　印

同村　受　人　坂本喜平　印

山田野地村　米助様

表書之通承届候　地組頭　升　平　印

・・・・・・・・・・（中略）・・・・・・・・・・

（第九號）

地租改正ニ付永小作御處分伺　高知縣權令ノ請訓及ビ之ニ對スル指令　當縣舊來田地ノ作人ニ永代宛リ又ハ中地頭、或ハ盛控地等唱ヱ候儀有之何モ普通永小作ト大同小異ニ而譬ヘハ地主一反歩ノ土地ヲ所有シ其地小作米壹石可有所從來五斗ノ約束ヲ以小作爲致來リ相對熟談ヲ以テ小作來增減致候ハ格別左無之時ハ地主ヨリ增米申付小作人不承服ニ而双方ヨリ訴出ルト雖モ官ニ於テ增ノ裁判不至去迚地主其地ヲ直作又ハ他人ニ耕作可爲旨申出ト雖モ是以裁判不ヨリ自然地主ノ外小作人モ亦其地ヲ以テ家產ト相心得地主ノ許可ヲ請ケ又ハ地へ申出モ無之作株賣買致候舊習ニテ右者大抵最初其地開墾ノ節小作人勞費有歟又ハ根元小作人所有之土地ヲ小作米何程ト極メ賣渡候歟或ハ故アリテ以來作增米不申付約定致シ候等種々ノ情由有之趣、中ニハ右等情由無之最初小作致候節薄地ニテ譬ヘハ一反歩ニ付五斗ノ小作米ニテ十分ノ所得ニ有之處逐年地肥饒ニ至ルト雖モ增米等モ不申付久シキヲ經テ自然永作ノ如ク相成現今他ニ小作爲致候得ハ所得米一石モ可有之處矢張從前ノ通ヲ以テ小作爲致候者モ有之趣ニ候得共今日ニ至リ何誰ノ土地ハ根元一作宛ニテ自然永小作ノ姿ニ相成候ト申證跡難相立儀ニ御座候然ル處昨年以來相渡候地劵ノ代價譬ハ一反歩ニ付所得米一石此代價百圓相當ノ處前條ノ如ク永小作人有之 地主纔カニ五斗丈ヶ所務致シ來リ候分ハ地劵ノ代價モ亦五十圓ト相記シ有之ヲ以テ土地ノ眞價トハ申サレス依テ改租ノ際不都合顯然ニ有之去リ迚右地劵ノ代價ヲ以百圓ト認メ地主ヘ相渡シ候時ハ地主全ク其地ヲ自由ニスル權ヲ有シ小作人自然破産ト相成ル道理ニテ民情沸騰ハ申ス迄モ無之因テハ前條ノ如ク一反歩ニ付所得米一石相當ノ處五斗ハ地主所務致シ來リ五斗ハ永小作人所務致シ候分ハ地主ヘ買ヒ取ラセ候後全權ヲ地主ヘ相與ヘ候歟或ハ其地ヲ平分シ五畝ヲ以テ地主ノ所有トシ五畝ヲ以テ永小作人ノ所有ト致シ候時ハ前條ノ難澁無之譯ニ候へ　地主ニ於テハ所務米ノ多寡ニ不拘從來其地ヲ所有致シ候名　義有之ヲ以下不承服ハ顯然ニ可有之取扱難澁仕候間如何處置仕リ可然哉此段相伺候也

明治六年十二月

高知縣權令　岩　崎　長　武

右ノ指令

書面永小作ノ儀ハ元來地主ト作人トノ約定ニ候儀ニ付土地ヲ小作人ニ買受候歟永小作ノ權利ヲ地主ニ買受候歟雙方熟儀ノ上私有ノ分界可相立若熟儀不相整證據等無之難決事情有之分ハ一廉限事由ヲ類別シ更ニ可伺出事

明治七年二月十七日

内務卿　木　戸　孝　光

大藏卿　大　隈　重　信

（高知県立図書館所蔵）

参考文献

下川　潔『ジョンロックの自由主義政治哲学』名古屋大学出版会 ２０００年
今村健一郎『労働と所有の哲学』昭和堂 ２０１１年
加藤雅信『所有権の誕生』三省堂 ２００１年
川島武宜『日本人の法意識』岩波新書 １９６７年
川島武宜『所有権の理論』岩波新書 １９８１年
渡辺洋三『慣習的権利と所有権』御茶ノ水書房 ２００９年
菊地利夫『新田開発』至文堂 １９５６年
入交好脩『土佐藩経済史研究』高知市立市民図書館 １９６６年
（社）農業土木学会編『水土を拓いた人々』農山村文化協会 １９９９年
加藤静二郎『雄国新田開発』会津若松 歴史春秋 ２０１０年
金子光一『社会福祉のあゆみ』有斐閣 ２００５年
岩田正美・秋元美也『社会福祉の権利と思想』日本図書館センター ２００５年
Geoffrey Barraclough『HISTORY IN A CHANGING WORLD』「転換期の歴史」G.バラクラフ著 前川貞次郎・兼岩正夫訳 社会思想社 １９６４年
Walter Prescott Webb『THE GREAT FRONTIER』「グレイト フロンティア 近代史の研究」W.P.ウェッブ著 西澤龍生訳 東海大学出版会 １９６８年
VSEVOLOD VLADIMILOVICH OVCHINNIKOV『一枝の桜』V.オフチンニコフ著 早川徹訳 読売新聞社 １９７１年
Arnold Joseph Toynbee『歴史の教訓』A.J.トインビー松本重治訳 岩波書店 １９５７年
桑原武夫『ヨーロッパ文明と日本』朝日新聞社 １９７４年
桑原武夫『フランス革命の研究』岩波書店 １９５９年
樋口清之『こめと日本人』（社）家の光協会 １９７８年
西尾幹二『国民の歴史』産経新聞ニュースサービス １９９９年

本庄栄治郎『大日本貨幣史』大蔵省編纂巻二十一明治十～十一大日本貨幣史刊行会 １９６９年
『田野町史』田野町 編集・発行 １９９０年
Jose Ortega y Gasset『危機の本質』J.O.ガセット 前田敬作訳 創文社 １９５４年
高柳光寿・竹内理三編『日本史辞典』角川書店 １９９５年
本山町尋常小学校教科書『本山読本』高知縣長岡郡本山町編集・発行 １９３６年
地方裁判所検事局・司法省調査部『世態調査資料第32号』高知地方裁判所検事局 １９４１年
『高知県百科事典』福田義郎 発行 監修 関田英里 １９７６年
早稲田大学経済史学会『近世日本農民経済史研究』編集・発行 254頁 １９５２年
石躍胤央『土佐藩初期の「走り者」について』徳島大学学芸紀要 第XII巻 １９６２年
松好貞夫『土佐藩の郷士制度と新田』土佐史談46号 １９３４年
島村要『民法施行法と松尾富功禄等による土佐の永小作存続運動の顛末』土佐史談18号 １９８９年
矢野城楼『元禄大定目「本田売買定」に関する若干の考察』土佐史談111号 １９６６年
平尾道雄『兵制上より観たる郷士とその階級的特殊性』土佐史談40号 １９３２年
武藤致和編『南路志』第5巻四十八～五十二長宗我部秦盛親公代 高知県立図書館 １９９３年
小関豊吉『高知藩の郷士に就いて』土佐史談48号 １９３４年
横川末吉「西内家文書」(『高知学芸高等学校研究報告6号』高知学芸高等学校１９６５年)
横川末吉『譲受郷士の一例』土佐史談第110号 １９６５年
文化庁宗務課宗教法人室　認証資料 ２００３年
松野尾章行編(「高知縣土佐国神社明細帳」明治18～24年脱稿 高知藩 発行 土佐国史料類纂『階山集』第１巻 宗教
(１)・史料(１)篇　18頁)
関田英里『封建社会における生産力の発展と地代』高知大学研究報告第１巻第19号 １９５２年
関田英里『土佐の石高について』土佐史談91号 １９５７年
横川末吉「富山家文書」(『享保の土佐藩政・文部省史料館』土佐史談第112号 １９６５年)
安岡大六『郷士の経済的生活に関する資料』土佐史談第88号 １９５６年)

ロバート・ルーク Luke S.Roberts『土佐藩士今喜多作兵衛による藩政改革案―天明七年の自由民権思想の一源流―』土佐史談第200号 1996年
関田英里「新規郷士とその領知」(『高知大学学術研究報告』第9巻 第10号 1960年)
福島成行『家士の驕傲と郷士の確執(二)～(四)』土佐史談第52号～54号 1935～1936年
「高知縣永小作權請願に對する參考書」(高知県立図書館所蔵)『土陽新聞』(旧高知新聞) 明治33年4月1日
松山秀美・宮地仁・平尾道雄・橋詰延寿『高知県農地改革史』高知県農地改革史編纂委員会・編 高知県農地部農地課 1952年
荻慎一郎・森公章・市村高男・田村安興『高知県の歴史』山川出版社 2001年
木村 礎『近世の村』株式会社 教育社 1981年
高橋浩一郎『気候と人間』NHKブックス 1985年
気象庁災害科学研究会気象部会『日本気象災害資料』気象庁 1961年
権藤成卿『日本震災凶饉攷』有明書房 1984年
RAYMOND BOUDON『ラルース社会学辞典』レイモン ブードン著 宮島喬・杉山光信・梶田孝道・富永茂樹訳 弘文堂 1997年
阿部謹也『世間とは何か』講談社 1995年
中山巌水編著・前田和男・宅間一之校訂『土佐国編年記事略下巻十』東京大学史料編纂所編 臨川書店 1974年
続群書類従完成会『富代記』『駿府記』大田善麿 続群書類従完成会 1995年
横川末吉『野中兼山』日本歴史学会 編集 吉川弘文館 1962年
篠塚昭次『土地所有権と現代』出版協会 1974年
小島麗逸『現代中国の経済』岩波書店 1997年
小田美佐子『中国土地使用権と所有権』法律文化社 2002年
白柳秀湖『日本富豪発生学』千倉書房発行 1931年

封建社会において地殻変動を起こす土佐の「近代」

― 土佐の「永代小作権」の歴史的革新性と必然性 ―

高知県立大学教授　田中きよむ

福留氏の「永代小作権」の歴史分析の独自性は、土佐独自の土地制度が、土地の流動化を通じて事実上の所有権の分散化をもたらし、封建社会の中に近代市民社会の胎動を見出しているところにあります。軽費の小作料で永久に借地することができるうえ、地主の承諾なしに自由に売買できるという意味で、「資本」（土地）の名目上の所有から切り離され、実質的な所有権を伴う「労働」（郷士・永代小作人）を可能とする制度の普及プロセスが、封建社会から近代市民社会への脱皮に向けた地殻変動と捉えられています。まさに、近代の兆候を土佐の封建社会における土地制度をめぐる動向から捉え出し、歴史解釈の見直しを迫る独創的な研究成果と言えます。

なぜ、そのように全国の動向とは異なる形で歴史的異端をなす土佐独自の「永代小作権」制度の誕生・持続が可能であったのか。それについて、福留氏の文脈の中から、歴史的必然性があったことをうかがい知ることができます。

一つは、「政治的・社会的必然性」ともいうべきものであり、相対的に少数勢力の山内一族との対立により「失業サムライ」となった多数勢力の旧長宗我部一族の「反逆」を恐れるあまり、山内土佐藩は長宗我部側に対して郷士職を募集・付与し、新田開発を通じて永代小作権や加地子米収得権をもたらし、事実上の生活権を保障することになったのです(第二章)。ここに、いわば失業状態にあった旧長宗我部一族に対する「アメとムチ」のアメのような形で、新田開発という自助努力を伴う現物給付や取引権付与による自立支援型の広い意味での福祉政策を見出すことができます。そのように、自由・対等の精神風土の中で社会的に支持され獲得されてきた生活権は、現代に至るまで、土佐独特の生活保障の機能を担ってきたがゆえに、それを体現する土地制度が全国でも例外的に固守されてきたと言えます(第七章)。

また、「財政・経済的必然性」も見出されます。土佐藩の財政事情が深刻化するなかで、年貢の安定的確保、増収を図るためには、永代小作権や加地子米収得権の自由取引を黙認せざるを得なかったというわけです(第六章第3節)。経済的には、断続的ながらもインフレ傾向が見られる江戸時代にあって、病気、失業、災害時も含め、永代小作権や加地子米収得権は通貨を補完するリスクヘッジの保険機能をもち得ます(第六章第1節)。

さらに、「自然的必然性」が見出されます。台風や集中豪雨の影響を受けやすい土佐においては、収穫高の変動が激しく、「石盛り」の作成が意味をもたなくなる状況にあり(第三章第1節)、固定的な土地所有権をもつことは災害に伴う負担・負債を引き受けることになりますから、それを流動化してリスクの分散化を図る必要がありました。

このような様々な必然性の検証をふまえつつ、土佐固有の「永代小作権」制度の誕生とその影響が明らかにされました。封建社会のなかで、その束縛からの解放を求めるように、自由で対等な関係の下での経済活動に伴う実質的な所有権が確立されたことは、近代市民社会に向けての地核変動が、土佐の封建社会の中では、すでに固有の土地制度を通じて生まれていたことを意味します。

歴史的に育まれてきた土佐の自由・対等を尊重する精神風土や反骨精神を愛する福留氏が、今後益々、土佐固有の歴史・文化研究を一層深められるとともに、本書が様々な土佐研究者や歴史研究者等によって注目され、論議の対象とされることを願っております。

[著者略歴]

福留久司（ふくどめひさし）

高知県香美市土佐山田町に生まれる
慶応義塾大学卒業
高知県立大学大学院人間生活学研究科修士課程（博士前期課程）
『地域文化特性』
高知県立大学大学院人間生活学研究科研究員
現在、学芸員

土佐の永代小作権と自由の系譜

発行日：2015年5月15日
著　者：福留久司
発行所：(株)南の風社
〒780-8040　高知市神田東赤坂2607-72
Tel 088-834-1488　Fax 088-834-5783
E-mail edit@minaminokaze.co.jp
http://www.minaminokaze.co.jp